特别实用的国学心理课

闫惠　闫燕秋　著

人民东方出版传媒
東方出版社
The Oriental Press

前言：
经典素朴未离，因你历久弥新

作为在孔孟之乡土生土长的孩子，我幼年便在鲁地、孔府周边流连，也对很多《论语》经典之句朗朗上口，却从未料想高高在上的圣人箴言和营营役役的人世百态会有如此精妙鲜活的连接，更未料想有朝一日它会解脱我力不从心的人生困惑。然而，偏偏是如此简默的古语，有如此惊人、拔济众生之苦的非凡力量。

这一切都起因于我与茶的结缘，和对一段沉重岁月的幡然憬悟。

二环边，（雍和）宫墙外，（护城）河彼岸。有一方茶空间。

彼时，我在附近一家公司上班。生命极具少女感：心里开满鲜花，眼眸透着光芒，活在这珍贵的人间，阳光强烈，水波温柔。

后来，离职了，和茶室的关系却长久留存下来，直至今日。每周总要过去一两次，品茶，聊天，也聊人生。

茶叶浮沉，世事流转，几年的光阴过去了，喝茶的心情变沉重了，生命质感也从"少女丝滑"转入"中年沙砾"。无关岁月，只因生活。

人到中年，有那么一段时间，人生如同中了魔咒，转瞬步入令人瞠目结舌的湍流。即使没有什么天大的事，也总是熨不完的关系"褶皱"。陡然间觉得：世事维艰，遍地是苦。

从"水波温柔"到"遍地是苦"，历时六年。

这期间，茶、空间、人，成了不多的慰藉。无以为安时，我总把烦恼说与她听，她也总能宽慰我。可是，岁月渐深，烦恼越来越多，倾诉的密度也越来越大，那时，开始不自觉地向往一种"疗效"更持久的解忧方式，让自己舒服，也少与朋友添麻烦。

机缘真的来了。

一次，我又在因微信朋友圈里有人不识真假货而发牢骚，她幽幽地说："人不知而不愠。"我愕然，这句话的意思不应该是"别人不理解我也不生气"吗？和我的烦恼并无关系啊。她说："'人不知'既包括别人不理解我们，也包括别人不觉知，它可以泛指一切无明。"这句话如醍醐灌顶，心境当即如月下长空。自此，人生少了80%以上的烦恼。

这只是开始，精妙在继续。

又一次，父亲得病出院后无法接受自己身体老化的现实，痛苦不堪，我也跟着焦虑至崩溃的边缘。她建议我：你仔细思考下"君子素其位而行"。经她提点,我如有神助,遂把这句话耐心地说与父亲听。父亲真就从一个躁狂不安的倔老头蜕变成一个静静读书听收音机的乖小孩,得以安度余生。

这样的救赎,无论何时想起,总会泪流满面,又有种和《论语》相知恨晚的遗憾。必须强调一下,以前我对《论语》只是识(识字而已),并非知(知的是义)。

当我意识到这层深义时,我正在一个柔软的黄昏安坐于茶室,与她对饮,也是骤雨初歇,柔光微注。我喃喃自语:《论语》是济世良药,可我们却浑然不觉。

她望着博古架上疏密有致的老盏,淡淡地说:茶器唯饮。

老盏在光的映衬下灿若星辰,此刻它们正穿越千年为利他而来,不再束之高阁。并用微妙的汤感告诉我们:殿堂与民间、传统与现实并行不离,如流水的两端,醇厚在那头,香洌在这头。《论语》亦然,它可以为用,且十分好用。

因了这样的受用,坚定了我对《论语》及其他国学内容学习的决心,当然,一个人的力量毕竟是有限的,加之才疏学浅,每当自己琢磨不透文句、字义时,总央求各位师友与我"唠几句"。每次,我都像抓住了救命稻草一样,用心听,认真记,至心思维,至诚体会。

于是,就有了她、他,他们,最后都成了我们。

于是,就成了一本书。

于是,我的生命肌理,又由晦暗绝望的"中年沙砾"转为"少女丝滑",且立身于安泰之上。这完全得益于对国学的精细研读。

如今,国学已经成为我梳理人生格局的圭臬。真心觉得,《论语》一体万用,经典素朴未离,广泛适用于我们修身、齐家,以及了解天下的各个领域、方面与层次。有时,哪怕只是吃透一句话的精神内质,都可以瞬间完成人生逆袭。

那么,为何如此好用的国学经典长久以来却不为我们所用呢?原因有三。

一是我们都把国学看成一门学问。我们学得它,记得它,识得它,只是为了通过考试。

二是我们都把它搁得太高了,像遥不可及的圣物,仅供赞叹与瞻仰,困顿时又抱怨"圣人不懂我的烟火",人为地割裂了经典与世俗的关联。

三是从学校毕业后仅能记住的几句经典,也被我们矮化了。我们懒得思考,习惯性地断章取义,于是出现了大量对《论语》及其他经典"矮化"甚至"痞化"的理解和解读。比如我们会认为"中庸"是没立场,把所有和"庸"沾边的词语都打入贬义的行列。殊不知,"中庸"是大智慧:"中"是"中道",是理想;"庸"是矫正,是手段。"中庸"是万事万物不偏不倚的最理想状态。比如我们可以张嘴就来"七十而从心所欲",却无视它后面的"不逾矩"……

凡我所惑,皆是因缘。所以,就有了这本《特别实用的国学心理课》。

本书的旨归简单至极：只为照亮我们麻烦不断、困惑常有、偶尔绝望的人生。

也因此，在写作手法上，因应众人心性，做了以下善巧安排：

一是针对现实各种关系的痛点，借此入手，嫁接出《论语》及其他儒家经典中的只言片语。如有兴趣，可全面阅读；如没有，适可而止。

二是照顾了人们爱听故事的天性，以故事作"引子"。当然，我们深知，没人爱听别人的事，都只关心自己的事。故此，甄选的故事，皆是极具代表性和普遍性的故事，并且就发生在我们身边。

总之，由始至终，我们本着"至诚无欺"的态度，力争每一节都不辜负读者阅读的那三分钟。

当然，文章于人，如同茶汤于口感，犹如烟霞相交，或隐或映，需自度参差。

从初稿到出版，又两年的时间过去了。又逢大地初开，春和景明，想着那越鸟巢干，归飞体轻，自是欢喜。

前路迢迢，愿君安好。

目录

第一篇
好好修身——灵魂有趣,皮囊清朗

每天都在吃饭,却很少在"吃饭"	003
不知就在不知的状态下行事,不能无所事事	009
建立凡事内寻的自我问责机制	014
由粗到细,君子修养的必然轨迹	019
心诚意正,岁月从不败美人	024
"苟日新",就能永葆青春	029
从心所欲,从的是真心,不是情绪	033
想活得久要修仁,因为"仁者寿"	039
每个刹那都认真度过,向死而生	044
"君子不器",自度参差	048
"修身齐家治国平天下",要有规则意识	053

第二篇
好好养心——做情绪的主人,自在安稳

成年人不想长大,如同君王懒政 —— 059

敏于事,而不是敏于受,就没那么伤了 —— 064

不是"朽木不可雕",是"雕刻师"没开窍 —— 070

不生气的智慧:"人不知而不愠" —— 076

自以为"思无邪",其实是真狡猾 —— 080

"心不在焉",才能活在当下,安闲自在 —— 083

心不累的活法,从知"止"开始 —— 087

优秀的人不是戒掉了情绪,是能调控情绪 —— 091

哀而不伤,乐而不淫,做情绪"战神" —— 096

若能素位而行,人生处处是风景 —— 100

第三篇
好好居家——让家不再伤人，和气如春温

幸福的家，需要一颗主动施爱的心	107
看不清事情的"伦"，再多的爱也不会被看见	112
真情装不出，假意掩不住，家人面前不做"伪装者"	118
有时候，刺猬比兔子更需要拥抱，"知人"很重要	123
如果没有内里的暖，谁稀罕表面的光鲜	129
既往不咎，泛若不系之舟	134
里仁为美，住在哪里都能自洽圆满	138
"德不孤，必有邻"，不以自己为标准	142
《论语》中的理财观："生财有大道"	146
孔子嫁女儿的事，能解决你的人事	152

第四篇

百善孝为先——《论语》中的孝道

百善孝为先，唯父母疾之忧就是"孝" …… 159

"孝"，就是父母错了也听之任之吗 …… 163

"父母在，不远游"，就是不让孩子出远门吗 …… 167

父母在有来路，父母不在仍有归属 …… 171

总觉得比父母高明，就做不到"敬" …… 176

同在屋檐下，就怕"色难" …… 180

第五篇

好好说话——"因人而异",善巧方便

见什么人说什么话,也是"因材施教"的一种	187
人贵语迟,有耻且格	191
既然豆腐心,何必刀子嘴	195
被误解不伤怀,"求为可知也"	198
人心不忍直视,正确理解《论语》中的"小人"	202
"义""利"并用,不同的人采用不同的教化方式	207
因为"谨言",我们变成了精致的利己主义者	210
"一切都是最好的安排"有前提:见贤思齐	214
动辄"攻乎异端",世界只会更纷乱	218
"再见"与"你好"同等重要	222

第六篇

好好办事——忠敬无欺，做事有做事的伦理

职场是有伦理的	229
见不得别人好，职场烦恼少不了	234
处理好上下级关系，"君使臣以礼"	238
把"礼制"夯实，公司基本不用管	244
"糖实验"证明，贪吃的人难以事业有成	248
为什么你内容这么好还是无法带动流量	252
贪财好色不是错，须知德为本财为末	257
事不难办，人难办，难在"言而无信"	262
凡事都要备好两个以上解决方案	266
了解"其机如此"，天大的难事秒变易事	271
懂得"温故而知新"，才能成为"达人"	275

第七篇

好好处世——能一个人很好，也能与全世界拥抱

友谊的小船说翻就翻，因为人人皆有所偏	281
过度关切自己，导致遍地是戾气	286
一旦"放于利"，心里满满的怨气	291
越麻烦，越要保持简单，"不思而得"	295
求人不如求己，《中庸》中的先知先觉	300
"明哲保身"不是自私，是大爱	305
"好人没好报"的秘密："疚"久成疾	309
仁者眼里没有"鄙视链"	313
"其争也君子"，一肩风雨两担诗	317
人世间，中庸是"天花板"	322

第一篇

好好修身——灵魂有趣,皮囊清朗

每天都在吃饭,却很少在"吃饭"

人生在世,吃饭是大事。时至今日,当我们不再担心温饱,开始沉溺于追逐舌尖上的味道,吃饭却给我们带来不少烦恼。比如,偏好某一口的人因一时吃不到那一口而焦急,季节性食材短缺时没有安全感,狂奔在美食的道路上不知吃什么好,满桌酒肉却没有满足感,等等。

细数起来,吃饭带给我们的负担和烦恼可真不少。

来看两桩和吃有关的烦事。

前几年,兼为旅游媒体专栏作家的我应邀参加了不少推广活动,接触了一些网红,印象最深的是美食博主。

一道菜上来,主播找角度,助理配合打光。个别主播为了拍摄效果,情急之下还用嘴巴吹吹热气儿,十分不雅。

拍完之后,便是大快朵颐了,饭桌上常有个别人为争抢某道菜肴而发生口角。此外,每次活动都有因为过食而吃坏肚子的朋友,搞得主办方很紧张,也影响了大家的行程。

另一个是我同学,自从某年某月某天吃过我做的白菜炖粉条,便念念不忘。

我问他："以您今时今日这身份，啥饭吃不上啊，为何惦记上我炖的白菜粉条了呢？"

他面带尴尬地说："我天天有饭局，但很少在吃饭。"

那些事，这句话，令我陷入沉思。我庆幸自己一日三餐可以由着自己粗茶淡饭，又想起了"人莫不饮食也，鲜能知味也"。

这句话出自《中庸》第四章，原文如下：

子曰："道之不行也，我知之矣：知者过之，愚者不及也。道之不明也，我知之矣：贤者过之，不肖者不及也。人莫不饮食也，鲜能知味也。"

这段话的意思简单归纳一下，就是自以为懂得中庸之道的智者很多，但只有极少人能恰到好处地把握中庸的内涵与真谛。如吃饭一样，人人都要吃饭，但鲜少有人能品出食物的真味。

那些遍踏胜景的美食主播和游历人间的业界精英，吃尽天下美食，显然自认为是吃喝上的"知者""贤者"，绝不是"不及者"，但他们，很少能品出饭食的真滋味。这是为什么呢？

在这个问题上，我自信有点儿发言权。天生对物性食材敏感，后天生活条件尚可，培养出良好的口感和体感，什么东西好吃不好吃，总是搭眼一看便知。成年后对吃又特别执着，从来不喝用电锅煮的粥，会被榴莲真的馋哭。有好几次在从上海回北京的高铁上，突然想吃"楼外楼"的红烧肉，就在杭州下了车。这都是我贪图口腹之欲而发过的"疯"。

但最近几年，在某位智者的影响下，我放下了对吃的执着，吃什么都很开心。哪怕只是一块饸面馒头，一碗白米粥，一盘白菜豆腐，都乐在其中。

也就是说，从前的我对吃很执着，但并不开心，每每活在对美食的患得患失中；现在对美味放下了，却总是能从最简单的食物中吃出清甘，获得恬淡。

所以，就以我个人的蜕变来说说为何我们如此富庶却每每食而不知其味。

为什么我们总是食而不知其味？

一贪。贪的点不一样，有的贪便宜，有的贪味觉刺激，也有人二者兼贪。先说贪便宜。吃自助餐是最糟糕的事情，因为吃得太不享受了，全程都是贪婪的。首先就是怕钱吃不回来、不够本，所以得多吃。其次是怕爱吃的那几样美食被别人吃光了，于是内心惴惴不安，明知后厨会不停地补餐，还是无法消除内心的隐虑。

再说贪味觉刺激。现在，几乎全国的餐饮业都被川湘菜系"一统江湖"。为什么呢？因为香、麻、辣才够味啊。人们都被重口味征服了，味蕾需要强刺激才有获得感和快意，而食材本身的味道被遮盖、被遗忘。

二虚。所谓虚，就是吃饭的目的不纯。最典型的就是饭局上的食客，哪个都吃得不痛快：高位者不自在，怕别人有求于他，怕手下不会挡酒；低位者更不自在，全程都思量筹算着如何敬酒，会不会招待不周，如何说话表现更容易达成目的；其他无关紧要的人，也想着如何利用这顿饭编织朋友圈，扩充人脉。所以，饭局上的人，都在盘算着自己内心的小九九，吃什么根本不重要，不入眼，更不入心，自然是食而不知其味。

让吃饭回归吃饭，会有多好？

一旦我们减少或剔除以上两项干扰，放下欲望与目的性，回归食物本身，你将体验到前所未有的人生乐趣。简单来说，你将得到以下回馈：

更自由。我们执着的东西就是我们的枷锁，美食也是，放下执着，随处是清欢。当我放下对口腹之欲的执着后，我收获的最大精神享受就是自由。不再因为想吃没有吃到而遗憾、懊恼，不再因为某种美食有季节性或地域性而患得患失。

更健康。关于吃,还听人这样说:"这不吃那不吃,活一辈子多亏呀!"对吃不那么执着,不仅不亏,而且真的很赚呢,首要的就是赚到了健康。当你口味变清淡,进食速度放慢时,你会很容易饱足,内心愉悦。无疑,清淡的饮食更有利于健康。而且,你还会变得更加自律,那些拥有黄金身材比例的人,都是饮食自律的人。

慢生活。当你放下欲望时,食物会成为你心灵旅行的向导,你会慢下来,顺着味道漫游。比如,吃苹果时我会想到种出"奇迹的苹果"的日本老人木村秋则①,吃米饭时我会想到九月田野的稻香。那时候,身体在慢慢吃,灵魂却在慢慢旅行。

成为一个斯文的人。很多人都追求优雅,而好的吃相是优雅气质中不可或缺的一环。一个慢慢吃饭的人,会自动控制自己的动作、声响,在进食时修炼自己的气质。而且,轻轻咀嚼的动作无疑会减淡法令纹。

如何迈出好好吃饭的第一步?

都说万事开头难,那如何迈出好好吃饭的第一步呢?

可以借助"仪式感"。我们常说要活得有仪式感,在慢食训练方面,仪式的确很重要,它是进入状态的必经步骤。比如茶会之前进

---

① 日本农民木村秋则坚持对苹果进行无农药栽培,辛勤劳作 11 年终于培育出纯天然苹果。他的故事被改编后拍成了电影《奇迹的苹果》。——编者注

行调息，无论是对泡茶人还是品茶人，都极为重要，它真的能让我们变得不一样。受茶会的感染，我在吃饭前会有意地训导自己"君幸食"，即要珍惜每一口食物。

这样简单静默的仪式感，真的会使吃饭的过程变得不一样。大家不妨一试。

不知就在不知的状态下行事，不能无所事事

我曾做过几个月的童书策划编辑，每次选题会上，都被同事追问到哑口无言：这本书是给家长看的，还是给孩子看的？

我一头雾水，心想：教育本身，首先不就该是教育父母吗？成功的教育，应该是携手共进，而不是一意孤行。

尤其是在学习这个问题上，如果家长不注重学习和成长，就很难对孩子进行言传身教，孩子也很难真正提得起兴趣。

从另外一个角度看，现在大家都很重视学习力，都认识到如果不保持学习力，将很难保持自己的职场竞争力。

但阻碍我们学习的最大敌人是什么？有人说是惰性，有人说是家庭负担，有人说是学费。其实，最大的障碍在于对"知之为知之，不知为不知"的误解。

这句话出自《论语·为政》。

子曰："由！诲女知之乎！知之为知之，不知为不知，是知也。"

在一次朋友聚会上，我问大家对这句话的理解。朋友们都学历不凡，毕业于五湖四海的大学，有北大的，有港大的，还有华盛顿

大学的，但他们对这句话居然有统一的认知，说："这句话太简单了，就是'子路！我教给你什么是知吧！知道就是知道，不知道就是不知道，这就是知道了，就很智慧了。'"

然后我就从另一个角度反问：如果如此理解是正确的，那我们还学什么呢？知道的就知道，不知道的就不知道，我们现在已然是这样的状态，已经很智慧了呀，就不用学了。

朋友们先是目瞪口呆，然后点头称是。

是的，像孔子那样的圣人，肯定不会如此主张的。这里提醒大家，越是我们熟悉的简单的《论语》句子，越不是我们惯常理解的那样简单，我们要好好思考其背后的义。否则，我们一不小心就会把《论语》矮化了。

对于需要从《论语》中汲取智慧的成年人来说，这句话该如何正确理解呢？

理解这句话有两个关键字：一个是"诲"字，有启发的意思；另一个是"为"字，在这里是动词，有积极作为、行为的意思。

因此，这句话可以翻译为："孔子说：'子路，我启发你的学问你懂了吗？知道就按照知道的去做，不知道就按照自己不知道的状态去做，这就是智慧。'"

很多朋友听到这里，都为自己先前理解的浅薄而羞愧，感叹这句话不仅深刻，而且美妙。我们先前自以为是的解释，简直是一句没有任何思想含量的"片儿汤话"啊。因为一旦你把这句话理解成"知道就是知道，不知道就是不知道，就是智慧了"，我们就很容易理直气壮地拿这句话去拒绝学习、进步,为自己的惰性和放逸开脱,一副"死猪不怕开水烫"的架势。

有位女士特别有感触,她说她儿子就是这样顶撞她的。每次让孩子温习功课,孩子都摇头晃脑阴阳怪气地说"知之为知之,不知为不知",还强词夺理说"看我多老实",每次她都气得恨不得抽他,但确实不知道该怎么教育孩子,直接词穷。

其实,不仅孩子这样,我们大人也会这样。

以我自己为例。

有一次,我的茶学老师让我写个茶知识的文案。努力一天后,我感觉有些吃力,就向老师求助,我说您能帮我示范一下吗?我照葫芦画瓢。老师答应了。

可能那几天太忙了,老师一直没有给我反馈。

我就等着。第一天、第二天是真的等,心里没什么私心杂念。

第三天就开始有杂念了,惦记着工作,但又冠冕堂皇地找个理由:等老师的示范吧,反正我现在"不知",她也答应帮我了,这事不赖我,我这么做没毛病。

第四天,我内心非常不安了,觉得就这点儿工作,竟然拖了好几天,干巴巴地等着,有点儿不妥啊。怎么办呢?这时我突然想到了"知之为知之,不知为不知",既然"不知",那我就在"不知"的状态下"为"吧。于是我自行摸索学习,尽心尽力地写了两种风格的文案,交给老师。内心里踏实多了。

老师赞赏我说：你这样做就对了，毕竟这是你的工作，不是我的工作，我帮你是情分，不帮你是本分。再说了，我一时因为工作忙忘了，你应该及时提醒我，而不能啥也不做干等着。

然后我也坦诚地进行了自我剖析，我发现我耽搁的那几天，表面上是在等老师帮助，实际上就是懒、畏难、拖延。

"我"只是一个代表，其实在内心里某个隐秘的角落，我们每个人都在不失时机地、狡猾地为自己的懒惰和懦弱等人性弱点计算、开脱。比如我们会说"我忘了""我不会""我太忙了""我太累了""我疏忽了"，这多是托词与借口，真实的心思是"我不想干""我太难了"。

这是我们习性里的恶劣，改正为宜。

实际上，无论何种境况，你都应该也可以"为"之。

不能因为某某条件不具备而不做，不要因为某某人不帮忙而不努力，在现有的条件下积极行事，就是"知之为知之，不知为不知"。就是君子的样子。

比如新冠肺炎疫情暴发伊始，很多人都居家、放假，甚至失业。有的人就像废钟一样"停摆"了，不学习，不做事，浑浑噩噩，还心安理得："反正这事不赖我，全世界都这样，只怪疫情太张狂。"

其实，即使如此，你可以做的事情也有很多。比如清算一下多年以来的职场情商，盘点一下自己的性格弱点，自问一下从前的工作是否违心，畅想一下崭新的未来。或者，锻炼一下身体，矫正一下不科学的坐立行走方式，陪爱人散散步，陪孩子读本书，都可谓善莫大焉，都是"不知为不知"。

建立凡事内寻的自我问责机制

"吾日三省吾身"也是我们经常挂在嘴边的一句话。

大家是怎么理解的呢?

"就是每天要反思三次呗,看看自己的行为有没有过失。"还有人补充说明:"最好早、中、晚各一次。"对,这是我听到最多的解释。但,真的很不正确。

但凡你能看到这句话的出处,就会瞬间羞红了脸,恨不得找个地缝钻进去!

假如你懒得翻书,那我现在就给大家找出这句话的原文吧。

曾子曰:"吾日三省吾身:为人谋而不忠乎?与朋友交而不信乎?传不习乎?"(《论语·学而》)

你看,"吾日三省吾身"的"三",哪里是指三次?分明就是三个方面嘛:为人做事有没有尽心?和朋友交往是不是诚信?学的知识有没有践行?这里强调的分明不是次数,而是三个不同的领域和层次。

断章取义是不是很可怕?可是,我们真的就这么断章取义、信以为真地用了很久很久。

为了避免贻笑大方，必须要强调一点，在《论语》中"三"字出场的次数很多，比如"三人行，必有我师焉"，但这里的"三"多数不是实指，而是虚指，是很多的意思。

那么，如何用这句话指导生活、修身养性呢？

记住以下两个要点，你的生活将会发生惊人的改变。

凡事内寻，自我问责

"曾经，我也是个刺头，一言不合就怪别人，事不如意就怨天怨地。可是在认真实践'吾日三省吾身'后，我遇事首先反思自己，总能发现自己的不足，这样我平和了很多，解决问题的能力也增强了。"

以上是一个网友给我发的私信。显然，这句话他非常受用。

是的，"吾日三省吾身"首先改变的是我们自身的问责机制。这可以对治大部分人向外问责的习性。

我们每个人都有自身的问责机制，分为两类：向自己问责（一旦有问题，先不问责外界，而是从自身找原因）；向别人问责（一不如意就怨天尤人）。向自己问责的人凤毛麟角，向别人问责的人比比皆是。我们真的太善于为自己找借口开脱了，一旦在生活和工作中遇到问题，就自动启动向外的问责机制，满心里都是这种抱怨的声音：这事不赖我，都是他不好，都是你们不帮我。人们总能找出无数类似的理由，且不费吹灰之力。

一旦这种问责机制启动，当事人会觉得全世界都欠他的。

刚刚，有个以前的女同事给我打电话，说："小王真的太讨厌了，我恨死她了，每次她都设套让我钻，我总是中了她的诡计。我就纳闷儿，以前你和她在一个办公室时，怎么还能玩在一起？"

我安慰了她一番，劝她别计较，考虑问题全面一点儿，把本职工作做好就好。

这事看起来没毛病吧？可她对我非但没有感激，反而责问我："小王这么讨厌，为什么你还能和她相安无事？既然你是我的朋友，你为何不帮着我搞定小王，让她对我好点儿？"

是不是很搞笑？是不是很无理取闹？可她却自认为理所应当，因为她已经习惯了向外问责。

责怪别人很容易，但根本无法解决问题。假如她能通过"吾日三省吾身"矫正习惯性的问责机制，内心的怨气就会消弭很多，同事关系也会顺畅很多。

多拷问自己的灵魂：我这么做究竟为了别人，还是为了自己

生活中似乎总有那么一个人，会"狗咬吕洞宾，不识好人心"，

把我们逼进死角，然后，我们愤愤不平地说："我这么做，还不是为了你／他！"

可是我们全然没有意识到，口口声声"为了别人"，其实往深里刨一刨，会发现还是为了自己。

闺蜜抱怨她老公是工作狂，事业心强，没有生活情趣。最近老公压力大总失眠，她让老公多休息，老公不听，还是继续卖力工作，于是夫妻俩吵起来了。

她委屈地哭诉："我都是为他好啊！"

我笑着说："是为自己吧，想让老公多陪你呀。"

她立马破涕为笑，又爱又气地对我说："就你眼尖，你会观心术啊！"她说还有一事令她郁闷，每次老公生意需要资金，都是她去到处筹资。我说："那就别筹资了试试。"她说："我要帮我老公。"我说："你是在帮自己，因为你无法接受一个生意失败的丈夫。"她沉默了一下，然后表示同意。

一个孩子的妈妈想让女儿学舞蹈，可女儿就是不爱训练，这位妈妈陷入了焦虑，说："我都是为她好。"我说："你还是为了自己吧，你喜欢有一个会跳舞的女儿。"她想了一想，不情愿地说："好像是呢，我就喜欢小女孩翩翩起舞好看的样子。"

其实，我也不总是那么"毒舌"，也得看关系够不够"瓷"，能不能经得住直说。

但事实已经非常清楚了，我们每个人身上都存在这样的认知误区：做一些事时误以为是为了别人，其实是为了自己。这样的认知误区带给我们无尽的烦恼,既然为了别人,别人一旦不领情不配合,自己又控制不了,就会有挫败感,特别崩溃。

而养成"吾日三省吾身"的习惯,随时自我检讨,扪心自问,到最后通常会乖乖承认:哦,我是为了自己。意识到是为了自己,内心就没有那么委屈了,气焰就没那么高涨了,心气就顺了。

可是,自我问责、灵魂拷问并不容易做到,因为"智者不能自见其面,勇者不能自举其身",观别人容易,察自己很难。人心是很狡猾的,每个人内心都有个小丑,只是我们不愿意面对它。因为真正面对它,就相当于自讼:是我不好,我也有错。这是一种很不爽的体验。

尽管如此,我们还是应要求自己做到"三省吾身",一个坚信自己"没有缺点,不需要三省"的人,是不具备与人沟通的基础的,他与自己、与他人、与世界的关系都不会和谐。他也不会进步,因为人是在持续不断的查找、认知、矫正中完善人格的。人格越完善,你的薄弱之处就越少,能扛的事就越多。这才是你在人世间最恒久、最硬核的竞争优势。

由粗到细，君子修养的必然轨迹

前不久，和朋友合作了一个项目，为了保证项目质量，便于大家集思广益，我们建了一个微信群。

有一次，大家又聚在一起讨论工作。刚定好的内容，朋友突然又有了好的创意，建议补充进去。这时候他的助理感言：如切如磋，如琢如磨。

怕我们理解不了，助理又补充说明：你们好好切磋琢磨吧，比比谁厉害。

我刚刚因为"如切如磋，如琢如磨"而佩服助理的文化底蕴，既而又为她的补充说明而大跌眼镜，他把"如切如磋"理解成较量了，偏离了"如切如磋，如琢如磨"的本义。

以前我对"如切如磋，如琢如磨"的理解也特别模糊，直到学了经典才清晰起来。

《诗》云："瞻彼淇澳，菉竹猗猗。有斐君子，如切如磋，如琢如磨。瑟兮僩兮，赫兮喧兮。有斐君子，终不可諠兮。"如切如磋者，道学也。如琢如磨者，自修也。瑟兮僩兮者，恂栗也。赫兮喧兮者，威仪也。（《大学》）

为了更好地理解这句话，我们要特别注意"斐"字和"喧"字的含义。"斐"表示有文采的样子，"喧"为显赫盛大之意。

理解这两个字后，《诗经》中这段话的意思就出来了：看那淇水弯曲处，翠绿的竹林郁郁葱葱；斐然文雅的君子，像切磋琢磨后的美玉一样细腻纯美，庄严宽广，显赫坦荡（代表了经过切磋琢磨后显示出来的不同的状态）。斐然文雅的君子啊，那么令人难忘，因为那不是一种稍纵即逝的美。

这样的"斐然君子"是儒家所崇尚的，儒家欣赏温润如玉的君子之风。那么如何做到像玉一样温润无瑕呢？于是就在《诗经》的基础上指明了路径："如切如磋者，道学也。如琢如磨者，自修也。瑟兮僴兮者，恂栗也。赫兮喧兮者，威仪也。"

这是什么意思呢？可以理解为：修习学问像切磋牛骨象牙一样；修身养性像琢磨美玉一样；庄严、威武，这描写他戒惕谨慎；显赫、坦荡，这描写他仪容可观。

这段话不仅借用《诗经》里的相关内容为我们呈现了君子的优美仪态，还以此启发我们修炼君子之风的路径，也就是"如切如磋，如琢如磨"。

虽然现今人们对"切磋琢磨"的理解并不相同，有人说是打磨动物的骨角，有人说是打磨玉石，但毫无疑问，"切、磋、琢、磨"这四个动作越来越精细。"切磋"指把原石剖开，取出里面的玉石，然后切成一定的形状，"琢磨"指对玉石进行细细打磨。这种由粗到细的变化也就意味着我们对自身的省察越来越细微。比如我们常听人说"法律是最低的道德",一个人遵纪守法,可归于"切磋";而对家人轻言细语,关注亲人的感受,则是"琢磨"了。再如一个脾气坏的人控制自己不摔东西,属于"切磋";而懂得整理物品、合理归置、轻拿轻放,则属于"琢磨"了。这个过程是漫长艰辛的,需要每时每刻自我反省,一旦有泛滥的情绪或欲望涌出来,就要靠强大的意志力尽量克制。每天、每月、每年,经过漫长的修行,人的情感和行为就达到一种自然而平和的状态了。

这个自我打磨的过程是向内的,它不在于和外人争。它也没有那么痛苦,当你内心有这个趣向后,你是以此为乐的,你会心甘情愿地这样做,而不是被逼无奈。这样做更没有要与人一争高下的意思,是自己在和自己为师、为友。

万分荣幸,上一个春天,我被一位学养极深的偶像用"如切如磋,如琢如磨"表扬了。

2021年3月的一天,一个画家朋友刚画了一幅鸢尾花的画作,其意境和色彩令我深陷其中不能自拔,不停地点赞,觉得这是一幅堪称完美的花鸟画。

我把这幅画推荐给偶像,她看了看说:蜜蜂的两对翅膀一样大,不太对啊,应该是前翅大后翅小。

我这才发现,原来花上还停着一只大蜜蜂,而蜜蜂的翅膀画家朋友确实弄错了。

我并没有接着点评,而是跳出画作,回到自省:明明这么大一只蜜蜂,我怎么完全没有注意到呢?因为我把全部的精力放在自己感兴趣的点，即色彩鲜艳热烈上，而忽略了其他。这就意味着，我会有大面积的盲区和盲点，这很容易出问题。

看一幅画尚且如此，那我们看生活，不更是如此吗？也就是说，我们总以为看到的是全部，是真实的，其实未必。所以，麻烦更大啊。

我把我的心得说出来，偶像特别及时地回复我："始可与言诗已矣！告诸往而知来者。"

我并不懂得这句话的深意，但凭感觉知道她在表扬我，于是不懂装懂地问："我真的有这么好吗？居然配得上这样的形容？"

她仿佛窥见了我的虚荣，笑着说："告诸往而知来者"这句话的意思是，告诉你发生过的事情，你就可以推断出未来将要发生的事情；而你能通过朋友画作的问题立即关联自己的生活，反思自己身上存在的问题，也是一种"告诸往而知来者"。

我不仅意识到了自己的问题，还特别迅速地解决了问题。我和先生在很多观点上都存在分歧，比如他特别爱听某位专家的公开课，我却不喜欢专家说话的语气。我关注的是专家态度傲慢、出言不逊，而先生关注的是专业知识，所以我们俩各自关注的点不同。那是不是还有很多优点是我没有关注到的呢？如果能注意到专家更多的优点，是不是我就可以和先生一起畅听切磋了呢？意识到这一点，我立即作出了调整，发现了这位专家的诸多优点。

我惊叹于国学经典的好用，并激动不已地把这些生活中的小收获告诉偶像，偶像又亲切地回复：如切如磋，如琢如磨。

哇！通过一件赏画的小事，我居然在那一刻成为偶像心里可与言诗、如切如磋、如琢如磨的君子，现在想想都还心醉呢！

在这句话、这件事的鼓励下，我在修身的路上越走越谨慎，觉知越来越细微，很多貌似棘手的问题处理起来也更加得心应手了。大概，这就是追求君子之德的福报吧。

心诚意正,岁月从不败美人

虽然面皱发白是自然规律,但人还是渴望自己身姿如松,容颜如玉。所以,美容才这么经久不衰,医美一直方兴未艾。

其实,《论语》中也有让我们变美、逆生长的不老方,不仅治标,而且治本。本人亲测有效,绝对能从至暗到高光。

重学《大学》第七章时,我迎来了有生以来颜值最低的时刻。

美丽的女人一定是润泽有光的,可是,那段日子,我的眼眸、肌肤、头发,都黯淡无光,没有神采,像煤堆又蒙了一夏的尘灰。日韩的面膜、各大品牌的玻尿酸都使上了,统统不管用。

因为我的情绪出了问题。

疫情持续,心情焦虑。父母身体不好,无法回去看望。工作也出了变故,不顺。人际关系障碍,烦恼……

祸不单行,那段时间生活里全是不幸,看什么都不欢喜。

我对着镜子,看着自己暗哑粗涩的皮肤、下垂的肌态,真是懒得梳妆。

我被自己这副样子吓坏了,作为一个向好爱美的人,我无法容忍这副"衰"样。如何尽快修复呢?

每天认真地学点儿国学,是唯一觉得踏实的事。刚好那天,随手抽到《大学》，看到下面的文字：

所谓诚其意者：毋自欺也。如恶恶臭，如好好色，此之谓自谦。故君子必慎其独也！小人闲居为不善，无所不至，见君子而后厌然，掩其不善，而著其善。人之视己，如见其肺肝然，则何益矣。此谓诚于中，行于外，故君子必慎其独也。曾子曰："十目所视，十手所指，其严乎！"富润屋，德润身，心广体胖。故君子必诚其意。

"好好色""富润屋，德润身，心广体胖"，看到这些字眼，我的内心倏地亮起了一盏明灯，有种不可控制的向往。天哪，这不就是我当下特别渴望的、急于达成的身体状态吗！

第六感告诉我，这些内容一定可以帮到我，于是我就像挖掘机一样深入挖掘这段话的内涵，一个字一个字地抠。

"润"是修饰、修养的意思，也有滋润的意思。"心广"就是心胸开阔广大，也就是心大的意思。"体胖"是个意向的概念，是安舒饱满的状态，看上去很美好，感觉起来很舒服。这种因为胸襟宽广而带来的美好生命状态我再熟悉不过了。我安静地想了一下，几乎所有美好的事物都是"润"的。比如，青瓷是润的，好茶的叶底也是润的。尤其是美丽的女人，都是润的，没有一个是干瘪的。

通常，在身体健康状况相同的情况下，一个女人在春天总是比在冬天好看，因为春天阳气上升，气血充盈，方方面面都让人润。

甜蜜恋爱状态下的女人，也是美得出奇，因为有爱情的滋润。

生活顺遂、感情如意、经济条件不差的女人也是美的，因为生活滋润，内心安稳，有满足感和安全感，会感受到生活的爱，这份爱也是润。

而且，人老色衰是生命规律，唯一能对抗时光的，也还是润。同样是老人，那些颜面舒展、皮肤有油脂感的，也总是引人注目。

我浮想联翩，还想到我那个外号叫"丑小鸭"的女同学。若论长相，当年的她确实很糟糕，虽然身材颀长，但五官比例极为拧巴，皮肤干燥，还有雀斑。甚至当年，我之所以和她玩得不错，也不乏有和她站在一起我有优越感的原因。

如今，二十多年过去了，当所有女生身体和容貌都在走下坡路，连班花都惨不忍睹时，她却完美逆袭成为最美女同学，令所有人惊艳。为了找到她变美的奥秘，我特别认真地了解了她毕业后的全部生活轨迹，发现她勤奋努力，事业发展很不错。虽然老公很爱她，但她永远保持清醒的头脑和独立思考的能力，活成自己的女王，给女儿做个好榜样。而她越是优秀，老公越是爱她。

所以，她的美丽神话，也是因为润，是被生活润出来的。

看着镜子里干瘪无光的自己，想着同学光彩照人的样子，我急于找到让自己快点得到滋润的"密钥"。

果然，我在这段话中找到了，那就是"故君子必诚其意"。

"诚其意"是何意？如何诚其意？

原文中已经说得非常具体了。

要"诚其意"，就"勿自欺"。"勿自欺"就是不要自己欺骗自己，也就是要对自己说真话。比如厌恶恶臭的味道，喜好好看的东西，这就是"自谦（qiè）"。"此之谓自谦"是指这样才能使自己心满意足。"故君子必慎其独也"，所以君子哪怕是在一个人独处独知的时候，也一定要戒慎。接下来的意思是小人尽做些不善的事情，没有什么是他们干不来的。"见君子而后厌然，掩其不善，而著其善。"可理解为见到君子后便遮遮掩掩，掩盖自己的邪恶行径，其实恰恰就是显示自己如何善良，想告诉全世界：我和你们都不一样，你们都不如我。

接下来的意思比较好理解了，其中心思想就是：别人看自己就像看透他的肺腑一样清楚，掩盖有什么益处呢？这就是说内心的真实，必定会表现为外在的言行。所以君子在一个人独处独知的时候，也一定要戒慎。曾子说："许多双眼睛在注视着，许多只手指在指着，多么可怕啊！"

如此深入理解了"诚其意"后，我的脸顿时变得通红，因为我发现自己之所以变丑，真的是因为意不够诚。心里同时存在着多种杂音，不敢面对，不想承认，故而拼命压制。简单点儿说就是"想太多、太复杂了"。想法太多，就会消耗自身的"润泽之气"，无以供给容貌了。

现在，美女修炼公式已经很显然了：慎其独—自谦—诚其意——美貌。

这一公式适用于一切男人、女人、有情众生。身体的舒适健壮，容貌的光泽细腻，全是意诚不欺的结果。

"苟日新"，就能永葆青春

我的上班族生涯不算长，但还是牢牢记住了一位女上司。她是个衣品极高的女人，特别会穿搭，无论走到哪里，气场都能高人一筹。在北上广媒体圈，她留下了浓墨重彩的一笔。

作为业务助理，我服务她多年，看着她靠衣品气质带来的强势，碾压劲敌，纵横四海。

后来，传统媒体式微，新媒体风生水起，业务不好做了。她以为是自己衣服穿得不行了，就越发地隆重。

那年夏天，我陪她去南方某地出差。我知道那是富庶之地，穿衣上绝对不能输，所以光衣服就帮她拎了两箱。上司一天三换，换得我眼花缭乱。倒是接待的客户说话了，也不知是真赞叹还是假迎合，说："哇，您衣品真好，每天都不重复呢。"上司喝了点酒，被人一夸，更兴奋了，自谦地说："嗨，这不是老祖宗的话吗，苟日新，日日新，又日新。"

那次的业务没谈成，领导特郁闷，回到办公室就和我研究对策："你说，是我们价格高吗？是我形象不够靓、不得体吗？是我们的策划案不够吸引人吗？还是……"

当时我没有答案，现在有了，其实就出在"新"上，但不是上司自以为是的那种"新"。

现在我们就从这位高衣品商业女精英对"新"的曲解开始讨论吧。

这句话节选自《大学》,为了理解全面,我们稍微带一点上下文:

《康诰》曰:"克明德。"《大甲》曰:"顾諟天之明命。"《帝典》曰:"克明峻德。"皆自明也。汤之《盘铭》曰:"苟日新,日日新,又日新。"《康诰》曰:"作新民。"

这段话是强调大德、君子诚其意的重要性。重点在于"新"字,但这个"新"字不是我们现代人口头说的"新",而是自有其深意。

首先从来历上,这句话是成汤刻在其洗澡盆上的铭文。大家知道,凡是铭文一定是具有深邃思想、意义高深的文字。其次从意思上,对于"苟日新,日日新,又日新",常见的解释是:"如果能够做到一天新,就应保持天天新,新了还要更新。"但这样的解释,好像也很轻飘,没有什么思想意义,也无法指导我们的生活。

其实,我们更倾向于把这三层"新"理解为一种递进的关系,这样一来,"苟"就不宜翻译成"如果、假如",而是取其另外一层意思:马虎、随便。可以理解为一种有一搭没一搭的散漫不严肃的状态。"新"字是会意兼形声字。甲骨文中的"新"字由"斤(斧)"和"木"组成,表示用斧砍柴,可引申为砍掉/改掉自己身上不好的东西。因此,"新"是很有力量、内涵很丰富的一个词,有愿望有行动。

经过对"苟"字与"新"字的重新思考，这句话就可以翻译为：自由散漫地矫正，每天都要矫正，在更高的层面矫正，让自新成为一种信念和行为习惯，用现在的话说，"新"是一种生活方式。

所以，"又日新"是一种非常宏大的愿望，一种理想的进步状态。你的改变和提高应该成为日常，付诸行动。

在此基础上，我们可以重新思考"作新民"的含义。"作"和"做"不同，"做"是做出来一个外部的、外在的东西，而"作"是从自身做起，是内心的改变。因此，"作新民"即自我革命、根本性改变。

带着这样的认知，再回过头来复盘我的美女上司：业务滑坡，谈不成，不在于她的衣服穿得不够新，不够美，而是要意识到媒体环境的变化，认识到社会的发展和时代的进步，要在服务理念、媒体阵容及技术上全面改革；要有新媒体思维，要明白客户的需求，给客户带来切实的回报，既要有线下的活动推广，还要有线上的持续推进，真正做到提高企业的品牌知名度，拉动产品销售终端，毕竟，人家也是要经过KPI考核的，而不能光靠老关系，靠老一套，秀花架子。也就是要认清新形势，自己作新民，提供新的合作模式。

现在，重新理解了"苟日新，日日新，又日新"后，在自身的修为上，各位朋友有哪些改变呢？

我一位做图书编辑的老朋友是这样改变的：

在经历了一场著作权官司后，他放弃了持续十多年的图书编辑模式。因为那种编辑模式已经没有发展空间了，那样的稿费水平和编辑周期只能出来那样低端的稿子，而那样的稿子再也无法满足读者需求，而且稿费收入也满足不了他的生活需求。

因此，他"自断经脉"，打造服务读者需求的精品图书，潜心写作。虽然创作周期很长，但他忍住寂寞和清贫，终于浴火重生。

而在对"苟日新，日日新，又日新"重新思考后，我自己是这样改变的：

每天都坚持运动，因为运动时身体会分泌一种酶，那种酶能使得肌肤状态年轻，防止抑郁，对抗衰老。

即使不出门，也要注意自己的形象，保持干净、整洁。

每天都要学习一首古诗词，用心领悟诗词中的意境。

这样的"新"让我焕新颜，有新作，获新生。

从心所欲，从的是真心，不是情绪

虽然很多人并不知道"三十而立""四十而不惑""五十而知天命"的来历，但人人都会说，都在用，用以数落别人或者自我解嘲。

我们用对了吗？让事实说话。请看下面三个熟悉的生活场景。

场景一：

春节回来，小赵一直心里不爽，因为在家里除了被催婚，还被父母逼迫回家考事业编，父母教育他说："你在大城市里漂着，啥时候能买上房？上无片瓦遮身，下无寸土立命，连孔夫子都说，人要'三十而立'，你也三十多了，得有房有车有好工作，要不然，学白上了，我们白养你了。"

场景二：

老徐失业了，天天在家混日子，妻子教训他要学习，要精进，他反驳说"四十不惑，难得糊涂"。

场景三：

朋友的婆婆是个知识分子，退休后来北京，帮她看孩子，婆婆性格强势，婆媳之间在很多问题上都有分歧。每当朋友和婆婆沟通，婆婆都撂话说："孔子都说了，'七十而从心所欲'，你管不着我。"

以上这些关于"三十而立""四十而不惑""七十而从心所欲"的说法，真的都是孔子的本义和主张吗？

先不定性，断章取义是我们最为惯用又非常不科学的读书方式，我们还是回到《论语》，看看原文怎么说。

子曰："吾十有五而志于学，三十而立，四十而不惑，五十而知天命，六十而耳顺，七十而从心所欲，不逾矩。"（《论语·为政》）

关于这段话的译文，我们以时间为节点，分段讨论。

"十有五而志于学"，到底学什么？

如果没有对"学"字的深入学习，恐怕很难对这句话做出有分量的解读。

学，会意字。在字形上，甲骨文中的"学"字有的是没有下面的"子"的，是由"两只手朝下的形状"（有以两手帮助、扶掖、提携、教导之意）、"爻"（古代组成"八卦"中每一卦的长横短横，表示物象的变动、变化）和"一间房子的侧视形"（表示这房子是学习的地方）组成。

通过对"学"字古字型的溯源，我们可以知道，"十有五而志于学"学习的是世间万物的变化，掌握其间的规律，以达"中庸"，而不是局限于书本知识或某一具体技术，虽然那也是学的内容之一。只有这样理解，我们才可以建立终生学习的意识。

"三十而立"，立什么？

作为成年人，我们每个人都被家长用"三十而立"教育过，也这样自我解嘲过。可是，我们所理解的"三十而立"真的就像场景一中小赵父母所说的那样，要有车有房、成家立业、功成名就吗？

当然，这些条件本身并无不妥，是幸福人生的必要物质基础，确实值得拥有。但这绝不是《论语》中"三十而立"的本义。

甲骨文的"立"字，上面是一个人形，下面是一横，这一横是指示符号，意为地面。"立"就是一个人站在地面上。下面这一横特别耐人寻味，值得我们好好琢磨。站在修身的角度，我们不妨把那下面的一横理解为世间万物的平静状态，海平面、大地、高山等。

所以,三十而立,指的是我们在任何场合与境况,都要立得住、站得稳。比如我们在职场上,处理问题能独当一面,就是立。在家庭里,不能遇到问题就失控,应该有一定的沟通能力和情绪控制力,能处理日常家庭纷争,平衡家庭矛盾,这也是立。因此,"三十而立",是一种成熟、游刃有余的状态,而不是简单的有车有房有婚姻。很多人物质上富有,事业有所成,但心智成熟度不达标,整天患得患失,这样的人也不能称其为"三十而立"。

"四十而不惑"不是稀里糊涂瞎活着

再来看看"四十而不惑"。很多朋友都把"四十而不惑"理解成上了年纪,不求甚解,懒得计较,稀里糊涂地"瞎活着呗"。"惑"意味着人的言行有了障碍,心被障住了,也就是不够明朗,朦胧不清,不明白。不惑,就是无无明,是清醒、清楚、明白。因此,"四十而不惑"不是稀里糊涂,不求甚解,得过且过;而是心如明镜。这和阅历、经验、思维能力、思想成熟度以及人格完善与否等都有关系,要靠学习、训练和修养才能达到,绝不是到了岁数自动生成的。

"五十而知天命","命"是天赋的使命

"五十而知天命",也不是说到了五十岁左右,你就能为自己算命,知道自己命运的好坏,一辈子也就这样了。这里的天命,是指上天赋予我们的使命。应该是经过多年的体验摸索,更清楚地知道自己能做什么,做了多少,去向何处,该如何到达。

"六十而耳顺","顺"是知己知彼

那"六十而耳顺"呢?是如大家日常调侃的那样,"您长这么帅,说什么都对"吗?是毫无价值观和立场,随便别人说什么都认同吗?

当然不是,理解"六十而耳顺"关键在于对"顺"字的把握。《说文解字》:"顺,理也。从页,从川。""川"是"贯穿通流水也"(《说文》)。"页"是头。整个字可理解为因为懂得他的脑路和所指,进而思绪无碍,思路通畅,听啥都能听得进,能理解。这才是真正的耳顺。这和无名、没观点完全不一码事。

"七十而从心所欲，不逾矩"

最后再来说说"七十而从心所欲"。现在确实有一些老人，动不动就说"七十而从心所欲"，甚至有些年轻人也拿"从心所欲"来为自己辩解。且不说他们是故意还是无意漏掉了下半句"不逾矩"，他们对于"从心"的"心"字，理解得也不那么准确。

这里的"心"不是心情、情绪、个性、脾气，"从心也"不是你想怎样就怎样，不是随便作可劲儿造，而是从真心、赤诚之心、纯正之心。你是遵循了内心的真挚，还是意气用事、胡作非为？这是问题的关键。更何况，即使是遵从真心，也要"不逾矩"，即在规矩框架范围内行事，是有边界和分寸的。一旦你理解到这一层，你会发现过去的很多年，对于"从心所欲"的理解有多么离谱，大家都把"心"不假思索地认定为自己的习性与心情，也就是说，把"从心所欲"等同于"随心情所欲"了。

经过这样分析，我们会发现，各个年龄阶段的人对"吾十有五而志于学，三十而立，四十而不惑，五十而知天命，六十而耳顺，七十而从心所欲，不逾矩"这段话的理解都相当欠缺，可以说它被严重曲解了。也正是对这句话的颠覆性认识，更加坚定了我重学《论语》、重走国学路的决心。

想活得久要修仁，因为"仁者寿"

红尘中的我们，欲求最强烈的，就是命，谁都想活得久一点儿，再久一点儿，能长生不老才好呢。

怎么才能长寿呢？

清代文学家方苞有一句话说得特别好："气之温和者寿，质之慈良者寿，量之宽宏者寿，言之简默者寿，盖四者皆仁之端也，故曰仁者寿。"

天南海北宏图大略的事我们暂不探讨，仅仅从个人的生活阅历层面来看，这句话是十分正确的。

毕业二十周年聚会的时候，我有事未参加。通过同学们给捎回来的视频资料看，凡是教过我们的老师基本上都到场了，唯独缺了两位，一位是逻辑老师，一位是某法律专业课老师。我问参加的同学：那二位恩师呢？

同学悲哀地说：走了。

片刻哀思过后，我又认真地看了下合照，发现当年意气风发的语文老师还是一脸书卷气，很帅的模样，而当年个性棱角分明的老师已经很显老了，个别什么都看不惯、特别极端的老师，要么身体不好，要么早早走了。还真的是"气之温和者寿，质之慈良者寿，量之宽宏者寿，言之简默者寿"啊！

如若不信，大家也可自行盘点一下你们的私人朋友圈，简单做个健康状态小调查。

虽然没学过医，但我对健康与寿命的问题关注很久，也有了一定的感悟与沉淀，最早入出版行业，我就是健康类的图书编辑，后来负责报刊杂志的健康版面，采访过不少养生专家。近几年，身边陆续有亲人开始病老，我开始特别深入地观察和思索这一问题。我发现，人的生命健康确实和性格和心境有关。只有仁人，才可以做到气温和、质慈良、量宽宏、言简默，才更可能长寿。

为什么"仁者寿"呢？自古以来就有很多种说法和依据，比如"天佑说""情志说"等。现代医学理论认为，人是大脑皮层统率的完善生物体，因此，思想、心理因素对人的健康有积极重要的作用。仁爱是人的一种社会性高级情感。一个有仁爱之心的人，情感没有矛盾，心理无剧烈冲突，这通过大脑皮层，给生理机制带来良性影响，从而有益于人的健康。同样一个人，当我们憎恨他的时候，我们会头疼、心跳加快；而当我们理解他、爱他的时候，我们的内心就舒服，面容就俊美。

其实，在《论语》中也有一句话阐述揭示了仁与寿的关系。

子曰："不仁者不可以久处约，不可以长处乐。仁者安仁，知者

利仁。"(《论语·里仁》)

　　这句话什么意思呢？有人把"约"理解成节俭，把"乐"理解为快乐、安乐。我倾向于把这两个字理解为约束。

　　贫穷是"约"的引申义，我们认为还是从本义来理解更能讲得通。"约"的本义是用绳子缠束，是约束、束缚的意思，贫穷只是受约束的一项内容而已。而"乐"的读音应为yuè，中国的古乐是各种乐器共鸣和谐的愉悦状态，不是哪一种乐器的独奏或凸显。所以，也暗含着收敛、和谐的意味。

　　"仁者安仁，知者利仁"可看作是个倒装句，可以理解为"仁者以仁为安，知者以仁为利"，这样是不是就更清晰通达了？

　　因此，孔子的这句话可理解为："不仁的人做不到长时间被约束，做不到长时间安于乐。仁者以仁为安，知者以仁为利。"

　　不仁的人不安于被束缚，就会放逸，放浪形骸，就会为自己招来不测。一个不安于和谐，爱强出头的人也一定会为自己招来祸患。而仁者就会安于仁爱的状态，并认为这对于自己是有利的，是明智的。这样的人才能真正实现现世安稳，无论什么样的位置与境地，都处处自在。这样的人，从任何角度讲，都具备了长寿的要件。

　　那么，什么是仁呢？"仁"是一种什么样的状态呢？

　　我们还是从"仁"的字形字义入手。《说文解字》："仁，亲也。从人，从二。"也就是亲人，亲如一体，合二为一，把别人当作自己来爱。而且，这种爱，还要等视之，也就是一视同仁，不仅要对比自己条件差的人仁爱，对比自己条件好、优秀的人，也要仁爱。也就是说，仁是慈悲的合体。

"慈悲"其实是两个词，包括两层意思。"慈"是对于比自己发展好、状态好、条件好的人，要由衷地赞叹、赞美、祝福，为别人而感到高兴；"悲"是对比自己可怜的人，由衷地同情，起了帮扶救助之心。"慈悲"就是一视同仁，单单从现在的字形上看，兹心非心，也就意味着无分别心。

一般而言，悲比较容易做到，大家对于可怜的，不幸的，弱小的人，都会产生爱怜与保护之心，但对于比自己好、优秀的人，往往心里不服或嫉妒，很难真正产生祝福之情。有时候是表面装出来的，有时候是出于礼仪，但很难发自内心地为别人鼓掌。

如果你无法做到"慈"，你的"悲"也不那么纯净，也会含着隐隐的傲慢。如果你无法完全做到慈悲，就达不到仁的境界，很难从根本上做到气之温和、质之慈良、量之宽宏、言之简默。

下面我们分两种情况，衍生四种状态，立足于"气之温和、质之慈良、量之宽宏、言之简默"为大家分析。

第一种情况——面对可怜的人。这种情况下人会呈现两种状态：忿恨地说"可怜之人必有可恨之处"；不满地说"社会对他真是太不公平了"。前一种状态是对当事人不悲悯，后一种状态你对社会起了怨憎，产生"受害者心态"。这两种状态下，你都做不到"气之温和、质之慈良、量之宽宏、言之简默"，因为你内心有怨气，自然气不温和；你的心地如板结的硬泥，所以质也不慈良；你内心有偏见很难融入社会环境,所以心量狭窄不宽宏;这种糟糕的情绪会通过种种渠道发泄出来,所以你也无法做到"言之简默"。

第二种情况——面对比你好的人。人也会呈现两种状态:不服地说"凭什么他那么有钱";不满地说"老天爷为什么偏爱他"。前一种状态你会产生仇富心理,后一种状态你会认定命运不公。不服就是有怨气啊,一个怨气冲天的人会气暴戾,质僵硬,量狭小,言荆棘,和"气之温和、质之慈良、量之宽宏、言之简默"背道而驰。

所以,只有仁者,才可以做到永远心平气和,他们的身体,才能时刻处于最佳运行状态,不会遭遇"剧烈颠簸"或"飞来横祸",才能健康、平安、长寿。

每个刹那都认真度过，向死而生

人这一生，会有许多的分水岭。比如三十岁之前，人往往对时间没有概念，三十岁之后会开始觉得时间过得有点儿快。四十岁之前对无常没有概念，四十岁之后会时常有种无力感，遂开始或主动或被动地思考时间、生命、死亡等重大命题。

自从五年前目睹公公的离世，我对死亡产生了特别直观、深刻的恐惧。那之前觉得死亡离我们很遥远，远到看不见。那之后，我意识到生命无常，无常到不知道下一秒会发生什么。从此，除了喝茶、赏花、写作之外，对生命消逝的思索也成了我的必修课。

如何消减对死亡的恐惧呢？我读了很多文章，找到了"向死而生"这个词，并借此对自己进行内训。

"向死而生"是德国哲学家马丁·海德格尔在其存在论名著《存在与时间》里面提出的一种生命意义上的倒计时法。按照这种倒计时法，我们过的每一年、每一天、每一分、每一秒，都是更接近死亡的过程，在这个意义上人的存在就是走向死的过程。

当然，海德格尔提出这一生命算法的目的不是让人们产生恐惧，而在于以此激发人们的紧迫感，唤醒精神自觉，从而使人活得更有价值，更注重内在成长，更加珍惜时光，提升生命厚度与价值密度，延展生命的长度。

我这样内训了五年,并没有丝毫改变。直到那个湿润的冻雨天,一位智者深入和我探讨了"朝闻道,夕死可矣"的含义,事情才有了根本的改变。

子曰:"朝闻道,夕死可矣。"(《论语·里仁》)

关于这句话的含义,只要识字的人,都能说出来,就是孔子说:"早上若得到了真理,当晚死了也可以。"

是的,这之前,我也一直这样直译,但并不信服,每逢听谁这样说,我表面上点头赞同附和,却在心里反驳:"我宁愿一辈子不闻道,也不想死,宁愿当个没用又长寿的废物。""活在这珍贵的人间,阳光强烈,水波温柔,一层层白云覆盖着",还可以好吃好喝,看美景,谈恋爱。我承认自己是个贪生怕死的普通人。这次,在智者面前,我保持了一贯的直性,如此坦言。

智者默然片刻,然后轻轻地说:"对这句话的理解,重点别放在生死上。它的重点在于我们评价一个生命体的标准是道,而不是生死。"

当时,我并没觉得智者这么建议有什么特别高明之处,但我有个特点,喜欢把听闻的知识悄悄地咂摸,应用于自己的生活,看能起什么"化学反应"。

辞别了智者,走在街上,天空下起了雨。不知怎的,我的心突然就不一样了，真的就不怕死亡了，而是把意念放在了闻道、成长上。真没想到这次的化学反应发生得这么快！一下子就不恐惧，变得特别达观积极了。

我把自己的体验告诉智者，惊叹于"朝闻道，夕死可矣"伟大的含义，智者也很开心，他说："是的，我们总说无常，向死而生，可是如果没有对这句话的深入理解，向死而生如何能成立呢？很难真正做到。"

我对智者佩服得五体投地，更感谢《论语》，也感谢热爱思考的自己。

而接下来，神奇的"化学反应"还在继续！

在克服了对死亡的高度敏感和恐惧后，我也有意识地用自身所学帮助更多的人。

那日植物园踏春，我在牡丹园内的凉亭内休息，偶遇路人甲。她得了一种疾病，这时已经是手术后的第三年，都说三年是个关键节点，她很紧张。

看她悲伤的样子，我想尽我所能给她一丝安慰。

作为一个老"鸡汤"写手，我有大把的"鸡汤文"能掏给她，但思来想去还是把《论语》中的这句话讲解给她。

她特别欣慰，说虽然之前也看过一些关于生命真相、了生脱死的书和文章，可"理虽是那个理，但是谁不想多活几年呢"，即使给自己打气，也是硬装出来的，并没有真的接受。现在，她听了"朝闻道，夕死可矣"，把重点放在"闻道"上，果真没有对死亡的恐惧了。她说，她的病本就和自己内向、多疑的性格有关，爱生闷气，总担心孩子没有出息，害怕老公背叛自己。得病后，她积极地配合治疗，也开始对生命有所反思，主动改变自己，变得特别开朗坦然，平和善意，身体和心理已经有了良性的改变，现在重新理解了"朝闻道，夕死可矣"，更是一点儿都不害怕了。最后她说："我能接受一切，那都不是事儿。"

又两年的时间过去了，她已经痊愈了。前不久去复查，各项指标都正常，甚至有些指标比她得病前还好。

听到这样的消息，真是悲欣交集。

其实，如此这般理解"朝闻道，夕死可矣"，除了真正向死而生，还能做到活在当下，因为知道评价生命体的标准是闻道，所以才有闻道和精进的紧迫感，才能做到智者所言的"每个刹那都认真度过，丝丝缕缕，纤毫毕现"。是啊，我们总说要活在当下，可是如果没有对闻道、修为有如救头燃的迫切性，是不可能做到珍惜每一分每一秒每一人的。

"君子不器",自度参差

素喜喝茶,也爱茶器。各种材质的都爱,从锯了钉的老盏到现代青花、青瓷、玻璃。各有各的美妙,杯子的胎质不同,形制不同,其汤感是不一样的,差异很微妙。但即使只有那一点点微妙,沉浸其中,也妙不可言。因为对器的爱好,每一次品饮,都是集视觉审美与精神放松于一体的洗礼。

每次品茗赏器感到愉悦时,也爱发圈分享。

某天,兴之所至,就把盛满茶汤的青瓷杯发给朋友看,想和他分享茶汤上的氤氲。

朋友迅速回复我四个字:君子不器。

微信交流也挺有意思的,虽无表情,只是四个字,但能明显感受到他态度上的不屑、不友好。遂请教:所指何意?

朋友回复:这句话是《论语》上的,你太执着于喝茶的器具了,过于矫情了。

虽然我对"君子不器"素来没有深刻的理解,但他把这里的"器"具体到杯杯盏盏上,实指我喝茶的器,直觉告诉我可能不是那么到位。既然来自《论语》,那一定和君子人格有关系吧?

感谢他的直言不讳,给了我重学"君子不器"的机缘。

子曰："君子不器。"(《论语·为政》)

"器"字是个会意字，四"口"表示众器物的口，"犬"守护着，以防丢失，本义是"器具"。又因为器具都具有容纳的功能性，于是人们把"器"引申为才华，如"庙堂之器"，等等。

可是，按照这种解释，我们能对"君子不器"有清晰的理解吗？显然不能，我感到一片茫然。

这样的迷惘促使我进一步探索"器"字的渊源，我还请教了我的文字学老师，我们一起查阅文献，发现古代并无"器"字，所以"犬"加"口"的说法有可能是讹化。在周代，"器"代表周围、周边、边界的概念。按照周代的概念，那么，"君子不器"就是君子没有边界，没有障碍，也就意味着内心柔软开阔。"君子不器"，才能以不变应万变，才能摆脱无明，突破局限，远离偏见。

这样理解，是不是更通畅一些呢？当然，我们如此解释，也只是给大家提供一个参考。

为了方便大家理解，我来举个一位茶室老板与两位茶友"三角恋"的例子。

我在著名的马连道茶城某茶室喝茶已经有些年了，算得上是"死忠粉"。

前不久，茶室又吸了一位"新粉"。她喜欢喝茶，也喜欢茶室的氛围，更喜欢老板的为人。

每次，她都带着从别家买的茶和杯子来，还要和茶室的茶作比对。其实茶室是免费给大家提供品饮的口粮茶和杯子的。

在我看来，她长期拿着从别人家买的杯子来店里喝茶，甭说从商业的角度考量了，即便是从日常私交的角度来看也不妥。但老板修养极好，彬彬有礼地接待。

我想起当初我初来茶室时，也有过这样的举动。但我很快意识到了这样不太妥当，于是不好意思地对老板说：我这样是不是不好啊？

老板含蓄地"嗯"了一下，说："如果在商言商的话，是不合适。"

既然如此，现在老板为何不制止这位新粉的举动呢？可能是不好意思？那我就"代言"吧。

我把我的想法告诉老板后，她却制止了我。

我非常不解，老板是这样解释的：

"当时你主动意识到不妥，主动问了，那就是机缘。现在她没有意识到也没有问，冒然制止，是不好的。不能用对待你的方式对待她。"

"有的人能说，有的人不能说；有的人适宜那样说，有的人适宜这样说；有的人适合当时说，有的人适合过后说。"

其实，这位茶室老板，就做到了"君子不器"，即使是同样的事情，对于不同的人，她也有不同的处理方式，没有固化，没有一刀切，这就是无边界，就是"不器"啊！

只要是有边界、有形、固定，就有限、有漏。不器，才会无量，无穷无尽，这就是大智慧。

因为茶室老板做到了"不器"，所以两个茶友她都爱，都不伤害。

如果你留意一下，就会发现，那些有智慧的人，通常都是"不器"之人，他们会一事一议，灵活应变，因材施教，事事通达。

我有一次去某寺庙拜见一位大德高僧，也发现三个人问了同样的问题，但师父每次的回答都不一样。而且，同样的问题，我问了两次，师父每次回答我的内容也不一样。我的第一反应是："师父怎么这么虚伪呢？"事后思忖，发现师父那是真高明啊！因为我每次疑惑的点和提问的状态都不同，师父也是"因材施教"。

"君子不器"不仅是待人之道，也是接物之道。

"不器"的智慧可以广泛应用到我们的日常生活中。以养花为例，好多朋友都自嘲：这些年养花，花没见着，尽攒花盆了。看到我养的花好，他们就向我请教养花之道。

我说网上有很多养花的帖子与软件呀。朋友就说是呀，我们也都是严格按照达人们分享的天数浇水，晒太阳，可还是掌握不好。有的说："比如我那棵发财树，卖家告诉我半个月浇一次水，围绕着花盆的边浇，每次浇小矿泉水瓶的三分之一。可还是干枯了。"

其实，这也是"器"。养花确实不外乎水、风、光的问题，但这些都要根据环境和花的状态来衡量，要自行判断、斟酌，从而做出适合这盆花的培育方案。

既然如此，那"君子不器"，也可以说君子有平等性。

这样理解"君子不器"，你们觉得如何呢？

"修身齐家治国平天下"，要有规则意识

对儒家思想有所了解的人，都会时不时提及"修身齐家治国平天下"。

什么是"修身齐家治国平天下"呢？大家也都略知一二，朴实点儿讲就是让自己好，让家庭好，让社会好，把天下治理好。至于如何践行，朋友们也都懂得"穷则独善其身，达则兼济天下"。

我们的理解，基本上到此为止了，然后我们就认为自己知道儒学，有点儿素养了。在这次重学儒学之前，我也是这样自以为是的。可是重新探索以后，我才发现自己竟连皮毛都没看懂。

现在，我们就来看一看"修身齐家治国平天下"的原貌。

这段话出自《大学》。

古之欲明明德于天下者，先治其国。欲治其国者，先齐其家。欲齐其家者，先修其身。欲修其身者，先正其心。欲正其心者，先诚其意。欲诚其意者，先致其知；致知在格物。物格而后知至，知至而后意诚，意诚而后心正，心正而后身修，身修而后家齐，家齐而后国治，国治而后天下平。

这段话是对《大学》第一章中的大学之道进行了任务分解，教我们如何入手，如何发展。它把大学之道分解为国（团体与团体之间的关系）、家（有血缘关系的团体之间的关系）、个体（个体与个体之间的关系）、个人（个体身与心的关系）。把巨大的任务逐级分解，每一级层层递进，直至最后"明明德于天下"。

多年来，我们都把关注的重点放在天下、国、家、身这些名词上面了，而对句中的动词没有注意。现在请大家注意一下，本句对不同的名词使用了不同动词，比如对"国"用了"治"，对"家"使用"齐"，对"身"使用"修"，对"心"用了"正"，对"意"用了"诚"。留意这些，对我们深入理解这段话尤为关键。

下面我们逐字进行解释。

"治"从水从台。自水的初始处、基础、细小处开始，以水的特征为法，进行的修整、疏通，是为治，也就是要有序、通畅。治国如治水。

"齐"字很有意思，"齐"为象形字。最早见于甲骨文。甲骨文和金文均像谷穗上端之形，但略有高下错落。《说文解字》："齐，禾、麦吐穗上平也。象形。"徐锴系传："生而齐者，莫若禾、麦也。二，地也。两傍在低处也。"所以"齐"的造字本义就是谷穗有高低先后，但排列整齐有序的意思。

那么"齐家"，就是家庭当中是有高低辈分之分的，要尊老爱幼，家庭和谐有序。

"修"字更有意思了。"修"字形体最早见于《说文解字》小篆，从彡（毛饰为文，画饰为文），所以"修"字的意思就是表示细心从容地上色，那用在处理个体与个体的关系上就是要修饰你的言行举止，和颜悦色地对待他人。

但并不是教你使诈，教你弄虚作假，而是说要修饰自己的言谈举止让对方易于接受，不冒犯他人，友好有效地表情达意。

"正其心"的详解我们在后面的章节再深入探讨，这里先简单告诉大家"正其心"就是心灵没有受到不好的内外情绪的干扰，处于非常中正平和的状态。

"欲正其心者，先诚其意"，为什么要"诚其意"呢？我们来好好分析"诚"字和"意"字。"诚"是一个形声字；《说文解字》："诚，信也。从言，成声。"也就是要百分百地实现你说的话。"意"字会意。从心从音。合起来表示发自内心的声音。"诚其意"就是让内心的声音百分百地得到实现。

可现实真的很惨，大部分人根本听不到自己内心真实的声音，或是忙碌，或是刻意规避，或是习性使然。所以，我们很难做到"诚其意"。

那怎么办呢？要想"诚其意"，就要观察细节，因为人内心真正的声音一定会在细节上有所反应和体现的，简单粗暴地"找心"很难，但通过一些言行上的细枝末节可以顺藤摸瓜，发现内心真正的声音。

现在，我们可以很全面地理解"修身齐家治国平天下"的意思了，但又有问题出来了：这段话太高大上了，离我们老百姓的生活很远，作为个体，我们只需要关注"修身"这一层就可以了。其实，任何一个层面的含义和要求，都离我们很近，都能很好地帮到我们平定自己的生活。

比如治国，既然是"治"，就要有序、通畅，以言论自由和媒体环境为例，放在国家治理的层面上理解，国家要维护整体舆论环境的有序、顺畅，作为民众，一方面要发声，另一方面又不能胡乱任性，想说什么说什么，否则就乱了。要有治的大局意识和国家信仰，不能因为你的一家之言而影响了大环境的通畅有序。

比如齐家，周杰伦有首歌叫《听妈妈的话》，我一直有些许反感，为什么一定要听妈妈的话？我从小就是个比较反叛不听话的孩子。结合现在的境况，我突然深深地意识到，长辈还是要尊重的，长辈的话还是要好好思量的。一个在家里对父母无礼的人，在单位也不会尊重领导，在社会上也不会遵守规则，他们规则意识很差，后果可想而知。

还有"修身"。我经常觉得自己很冤，很多时候自己明明对别人是好意却总被误解，感叹"为什么受伤的总是我"。其实，就和我没注重"修"有关，有好的心意也要和颜悦色，以最恰当的言谈举止与人交际。

所以，重新学习这段话，我决定从好好"听妈妈的话"开始反思，期待更好地"修身齐家治国平天下"。

第二篇
好好养心——做情绪的主人,自在安稳

成年人不想长大，如同君王懒政

"房贷、催婚、催生、工作、健康、挣钱……全面向你扑过来。这个世界，从来不会让你喘口气。独自作为成年人生活的这五年，让我越来越避世，越来越绝望。我从来都不想长大，我是被推着长大的。"

这是豆瓣上一位网友的真实心声，很具代表性，很多成年人都有"返童"的渴望，当我们在生活的压力面前想逃避时，我们幻想人如果长不大多好。当我们心烦意乱、急于解脱时，我们渴望回到无忧无虑的童年。

每个人的心里，都有个长不大的美梦，那个梦里，我们可以任性，不承受压力，不负责任，可以远离烦恼，可以逃避一切的不如意。

既然是梦，想想便罢了。但也有少数人把梦当成真，活成大小孩。

你的朋友当中，有这样的大小孩吗？他们看起来天真无邪，可可爱爱，人畜无害，当他脆弱受伤时，总能激起你的保护欲。

这样的做法、这样的人有问题吗？看起来好像也没问题呢，因为成年人的这一内心诉求在很多学科中都能得到肯定和支持，比如

"鸡汤文"会安抚我们"要常怀稚子之心,在复杂的世界中拥有真性情",西方哲学有"内心小孩"理论,道家有"复归于婴儿"的主张。

但儒家思想却并不支持这样做,相反,儒家号召我们要成为一个有担当的君子、智者、仁者,一个有能力自利并利他的大人。

孔子和弟子关于"知"与"仁"的问对

还记得《荀子·子道》中孔子和三位弟子关于"知者"和"仁者"的问答吗?大家知道,在儒家思想中,智和仁是特别重要的两种品德。孔子想考考弟子们对其的认识,于是,有一天,孔子问子路:"知者若何?仁者若何?"意思是:明智的人是怎样?仁爱的人是怎样?

子路回答:"知者使人知己,仁者使人爱己。"意思是:明智的人使人懂得自己,仁爱的人使人爱自己。

孔子评价道:"可谓士矣。"意思是,他可以称作士了,也就是读过书、懂得道理的人了。

不一会儿,子贡进来了。孔子又问同样的问题。子贡回答:"知者知人,仁者爱人。"意思是:明智的人知晓别人,仁爱的人爱别人。

孔子说:"可谓士君子矣。"意思是,他可以称为士里面的君子了,比一般的士在道德建树上又高了一层。

看到颜渊进来了。孔子还以同样的问题问颜渊。颜渊回答："知者自知，仁者自爱。"意思是：明智的人知晓自己，仁爱的人爱自己。

孔子给了他最高的评价："可谓明君子矣。"

自爱爱他，君子的最高段位

为什么同样的问题不同的学生有不同的回答，孔子的点评也不一样呢？当然，最高的评价是给颜渊的，孔子说他是"明君子"。所谓"明"，就是无障碍、无盲区，通达天下，"明君子"就是了知一切的君子，是君子中的最高段位！

对于孔子的回答与评价，很多人都看不明白，说颜渊的回答很自私啊，从字面上只和"自"有关，其实，颜渊的回答很高明。无论知还是爱，都包含了自己、他人、天地三层，即自知、知人、知天地，自爱、爱人、爱万物。

这里的自知，不是只顾及自己的利益和感受就够了，而是知道自己的心念、自己的状态，能更好地处理好和外界的关系。自爱，也不是疯狂自恋只照顾好自己就够了，自爱就是爱人，比如一个人自爱，必须要心地柔软，自己才能心情好、身体好，可是你柔的同时，对别人也是柔软的，对别人也是有爱的。

因此，一个人只有洞察自己的内心，才有能力懂得别人，处理好与外界的关系。只有能很好地自爱，才有可能爱护别人，爱护天地万物。

其实在生活中我们也经常听到有人说"对自己不好的人也不会对别人好"，这句话在生活中是成立的：一个自己不好好吃饭的人也不会给别人提供可口的饭食，一个自己不会穿衣的人也不会给别人很好的穿着建议，一个自己没有保健意识的人也不会给别人可供参考的养生建议。总之，不善待自己的人真的很难善待别人。

所以，根据孔子和弟子之间关于"知者若何？仁者若何"的问答，可见孔子主张我们要做个知自知他、爱自爱他的明君子。而不是遇到困难和挫折就缩回儿童梦想的弱者。

这样的弱者虽然看起来可可爱爱，人畜无害，没有攻击性，但他们也没有能力帮助别人。

一个成年人总想当小孩，和一个君王总想懒政一样。身为大人，应该打理好自己的生活，身为君王，应该治理好自己的国家。

我在意识到这个问题后，就和过去那个孱弱、拒绝长大的"内心小孩"决绝地说再见，变身为一个勇敢、给予的大人。心理更健康坚强了，生活也更开阔从容了。

总之，我们要想从关系的种种桎梏中解脱，对生活的压力举重若轻，根本的出路不是妄想回到小时候，而是勇往直前，直至成为"大人""明君子"。

如何善待自己的"内心小孩"

可是,确实每个人终其一生心底都住着一个孩子啊,我们该怎么善待自己的"内心小孩"呢?还是那句话:知道他,爱他。但知己与知人是一体的,爱己与爱人也是一体的。颜渊"明"就明在他把自己和外人、万物视为一体,用禅意的语言来讲便是"同体大悲",用"鸡汤"的话说就是"对别人好就是对自己好"。

你可能会问:怎么可能呢?我是我,他是他啊。

那我问你:如果你的丈夫／妻子不舒服,你能舒服吗?如果你的上司或同事对你有意见、不舒服,你能工作顺利、心情舒畅吗?

能懂得这些道理,你就很明了。以这样的心态和价值观行走在世间,做人做事就能少很多烦恼和障碍,就不那么缺爱了,也就不幻想着回到童年了。你能保护好自己,也能照亮别人。

敏于事，而不是敏于受，就没那么伤了

那天，朋友带着他的助理，来我家喝茶。

助理是个实习生，博士尚未毕业，难得小小的年纪喜欢喝茶，眉清目秀甚是可人，也挺有眼缘的，不知不觉中就有了莫名的好感与信任。小姑娘向我们倾诉了她的苦恼："我是个敏感的人，我很讨厌我自己，您是作家，想必作家也都很敏感吧，所以我想请教您一个问题，您说敏感是好事还是坏事呢？"

我想了片刻，然后回答她："是好事。这就好比你对温度敏感，知道冷热，然后及时加减衣服，就会不轻易感冒。"

我为什么想了想呢？也是考虑到要注意"因材施教"吧。其实敏感也是把双刃剑，看怎么用。但人家径直问了，总要给个明确及时的回复。

姑娘点了点头，又疑惑地问："可是我怎么感觉敏感为我平添了许多烦恼呢？比如我会特别容易感觉到别人不喜欢我，会极早地察觉到一些迹象，内心非常忧虑……"

难得她对国学也有兴趣，我们边喝茶边聊天，共同学习了《论语》中相关金句。

子曰："君子食无求饱，居无求安，敏于事而慎于言，就有道而正焉，可谓好学也已。"(《论语·学而》)

通过字面意思可以看出，孔子对于敏于事是非常认同的。那么这段话如何理解呢？

我们的敏感都用来敏于"受"了

我们先重点说一下"敏于事而慎于言"，"敏于事"，是指人们能够迅速地梳理事情的脉络，理清各种关系，从表象窥探本质。正因为看到了事情的发展脉络和根本，所以能够作出准确的判断。不仅如此，还能够"慎于言"，谨慎地发声，也就是说出真心的话。因为"慎"字，从字形上看，就是真心的意思。

因此，假如你的敏感针对的是事理、事情的线索和脉络，那你可以先知先觉，你的敏感是好事，是智慧。但众生颠倒，我们对"敏"字的理解和行为也是颠倒的，很多时候我们的敏感没有放在捕捉事理和事态上，而是放在了主观的、个人的感受上。也就是说，我们不是敏于"事"，而是敏于"受"。所以烦恼就来了：

哎呀，他是不是不喜欢我？

哎呀，他那句话是不是说的我？

哎呀,我是不是不被欢迎?

那个人为什么用那种眼神看着我?

领导和我说这句话什么意思?是不是对我的工作不满意?

……

诸如此类的想法,就是我们在敏于受。

敏于受会导致两种结果:第一是忧伤,第二是猜疑。敏感的人最大的特点就是能快速地从别人言行中不经意的细枝末节感受到受冷落、不被在乎、不被爱,体会到无限伤害,升腾起万种情绪,并把这种情绪放大。他们又不爱表达,也不着手解决,于是就活成了一只"叹息瓶",收藏的全是忧伤。第二是猜疑,以最坏的恶意猜测别人对自己没安好心,为自己树立了很多假想敌,气氛紧张,庸人自扰。

敏于事,而不是敏于受

其实,假如我们把敏感的特质用在观察客观事物、事情的走向上,就能够"扶大厦之将倾",未雨绸缪地解决诸多复杂的生活难题,这是一种保护和救赎。

我曾经用这种思路挽救了一对母女的关系。

一位母亲向我控诉了女儿的种种不堪，比如明明她已经掏心挖肺地对女儿好了，可是女儿就是不领情，还总误会她的意思。母女俩的矛盾不可调和，几乎要登报脱离母女关系了。

我对她表示同情，但没有被她的情绪左右认知，我感觉不可思议的问题背后都有不为人知的背景。于是就问了她家的具体情况，事关她女儿的成长。

她先是生了儿子，一边上班一边带孩子。后又生了这个女儿，实在顾不过来，就把女儿送到市里姑姑家，反正姑姑家没有孩子，还是大学老师，又喜欢侄女。

这已经埋下了一颗种子，女儿觉得妈妈重男轻女。

读大学时，每逢放假，女儿把行李往家里一放，就回姑姑家。

结婚后，女儿有了自己的孩子，她退休了，就帮着女儿看孩子，无论她多么勤劳，女儿总觉得一切都是应该的，她说明明她已经腰疼得直不起来了，还坚持做饭带外孙，可是女儿连一句感谢的话都没有。她的心都快碎了。

"别人家的女儿是小棉袄，我这个闺女是索命鬼。"

听她说到这些，女儿的心理脉络已经很清楚了：从小就感觉被遗弃，没有安全感；又认定妈妈重男轻女，对妈妈有偏见；觉得全家人甚至命运都欠她的，有"索债心理"。

女儿的被亏欠感像个无底洞，无论母亲怎么做都填不满。

我告诉这位母亲，要多主动制造让女儿撒娇的机会，平时多亲近、夸赞、肯定女儿，抚慰她的情绪，扶正她的心。

与此同时，她女儿的工作我也在做，我用一个小故事启发她，很多事情并不是我们想象的那样子。一定有我们不知道的另一面或许多面。

……

后来，女儿趴在她的怀里委屈地大哭一场后，母女俩好得如同姐妹。

如果没有敏于事，这对母女的矛盾几乎是不可调和的。如果我"敏于受"，会被她的情绪感染。可是，因为有了"敏于事"的智慧指引，我做到了。

这和"慎于言"也很有关系，我并没有因为她对女儿的控诉而先入为主地认为错都在女儿身上，而是觉得她的女儿和她一样可怜，对她们皆有怜悯心与呵护之心，聆听她们的心声。尤其是在和女儿交流时，我没有像她的母亲那样直言，因为直言不见效，还会得罪她，而是曲径通幽，通过别人的或者我自己的事例让她换一个角度思维，果然收到了良好的效果。

如果不这样理解和把握，敏感确实是一件糟糕的事情，不仅自己受伤，还会给别人添乱。

"君子食无求饱,居无求安"不是阻止我们安居乐业

现在,"敏于事而慎于言"我们理解得差不多了,很多朋友都对前面的两句表示不理解,"君子食无求饱,居无求安",这和常理貌似相悖,因为我们工作奋斗的目标不都是为了安居乐业,吃得饱穿得暖住得舒适吗?可是君子为什么要"食无求饱,居无求安"呢?难道是让我们自找苦吃吗?

重读本段时,我也有这样的困惑,但对"饱"字和"安"字的字义有了深入解读后,茅塞顿开。

"饱"是过量的意思,《诗经》中有"既醉以酒,既饱以德"的诗句,还有词语"饱读诗书",其中的"饱"都含有过量之意。因此,"食无求饱"不是不让我们吃饱饭,要我们饿肚子,而是说不要过量,从养生的角度出发,吃个七八分饱就足够。"安"其实也含有过度的意思,"饱暖思淫欲",因此,"居无求安"也不是不让我们居住得安适,而是不能家里只有女色,还要心怀天下。

经过这样的分析,现在回过头来看,"君子食无求饱,居无求安,敏于事而慎于言"是不是内涵很丰富,离我们的生活非常近,对我们非常有用了呢?能做到这些,"就有道而正焉",就是好学的人了。

不是"朽木不可雕",是"雕刻师"没开窍

人生不如意事十之八九,人生不如意之人更是万万千千,当我们遇到看不顺眼的人时,我们通常会作何反应呢?悻悻然一句"烂泥扶不上墙""朽木不可雕也"是常有的事吧?而且,这种恶语相向最容易发生在亲近的人之间。

那天,我替闺蜜接孩子,在小学校门口,看到令人心碎的一幕:闺蜜的儿子和其他几个男孩围着一个瘦瘦弱弱的小男孩推搡着。小男孩步步后退,躲闪不及。男孩子们穷追不舍,边推边教训他:"都怪你,考得不好,拖了我们全班的后腿,你真是个笨蛋……"

正当我想前去制止时,一个中年女人(小男孩的妈妈)赶到了,那些推搡的男孩们一哄而散,小男孩哭哭啼啼着,奔向妈妈的怀抱。我松了口气,满以为孩子总算可以得到妈妈的爱与保护了。谁知道妈妈竟然一把将孩子推开,大声训斥他:"你学习学习不行,体育体育不行,打架打架不行,你什么都干不好,难怪别人欺负你,你还能再没出息点儿吗?真是'朽木不可雕也'!我快被你气死了!"

后来,我质问闺蜜的儿子:"你们为什么要欺负人家?这样做是

不对的。"小朋友不认为自己有错,反而愤愤不平地说:"他就是'朽木不可雕也'!要不是他,这次体育比赛我们能得第一名,每次都是他拖我们后腿!他学习也笨,写字也丑。"

哦,原来如此!再后来,小朋友说什么我也听不进去了,只是在想那个刚刚被同学欺负完,又被妈妈训斥的可怜孩子,他当时多么无助。我仿佛看到他脑门儿上被同学和家长同时贴了个"标签":朽木不可雕也。直到现在,想起他时还会鼻尖发酸。

除了孩子,我还听说了一个"朽木不可雕"的婆婆。

一个年轻漂亮的女邻居向我吐槽她的婆婆,把老人家说得一无是处。

"做饭不行,太咸,连最基本的养生保健知识都不懂,无论怎么说让她少放盐,就是掌握不好。给她买了个称食物的小电子秤,她不用,手把手教给她,她也学不会。"

我说:"好歹可以帮你照看一下孩子嘛。"

她连连否认:"看孩子更不行,不会照顾孩子,穿衣服都掌握不好。还不讲卫生,有时候会喝孩子保温杯里的水。"

"我看你婆婆身体挺好的,可以让她帮忙买菜什么的呀。"我又建议。

"跑个腿儿也不行,比如让她去幼儿园接宝宝,她马虎大意,和宝宝保持的距离没有在安全距离范围内……"

在给婆婆列举了一系列"罪状"后,邻居最后总结陈词:"我这个婆婆简直是'朽木不可雕也',我烦透了!"然后就嘤嘤哭上了。

我本想给她一个拥抱,却未能行动,比起她,我更同情她的婆婆。她家的情况我知道一些,婆婆一直生活在西北农村,不识字,生活俭朴。老人家本也不爱来大城市,现在是应儿子儿媳邀请过来搭把手。没料想因为达不到儿媳的要求,婆媳俩处得很不愉快,儿子夹在中间也快窒息了,家庭关系非常紧张。

这两件接连发生在身边的"朽木不可雕"的事,让"朽木不可雕"这个说法在我心里"种了草"。必须承认,相较而言,世界上的确有很多不那么机敏的人。当我们面对他们时,经常会毫不客气地掏出"朽木不可雕也"的标签给人家贴上,这种言行,真的站得住脚吗?这是孔子的本意和初衷吗?

还原"朽木不可雕"的真貌

宰予昼寝。子曰:"朽木不可雕也,粪土之墙不可圬也。于予与何诛?"子曰:"始吾于人也,听其言而信其行;今吾于人也,听其言而观其行。于予与改是。"(《论语·公冶长》)

译文如下：

宰予（孔子的学生）在大白天睡觉，孔子说："腐烂了的木头雕刻不得，粪土似的墙壁粉刷不得。对于宰予么，不值得责备呀。"又说："最初，我对人家，听到他的话，便相信他的行为；今天，我对人家，听到他的话，却要考察他的行为。从宰予的事件以后，我改变了态度。"

对于这段话的大意，朋友们大都略知一二，认为这是孔子对宰予这个弟子大白天睡觉感到很失望，所以对他进行了负面评价。还有人认为这是温文尔雅的孔圣人唯一一大动肝火震怒的一次。于是我们仿佛在经典中找到了发脾气的有力佐证，仿佛在教训孩子或者批评某人愚笨时，我们也可以张口来一句"朽木不可雕也，粪土之墙不可圬也"来发泄私愤。

可是现在，结合身边的生活，稍作深入思考，便觉得我们惯常的理解有点儿问题。

其实，只要大家稍微动脑子想一想，像孔子这样一位一再强调"因材施教""三人行必有我师"的圣人，如此谦逊、习惯于自我反思，怎么会如此傲慢呢？不可能因为学生白天睡了一下觉就那么简单粗暴地给学生贴标签，用"朽木"和"粪土之墙"来类比抨击。

那孔子的本意是什么？我们在生活中又该如何正确地理解和使用这句话？

假如我们摘下"有色眼镜"，把"朽木"和"粪土之墙"理解为一种客观性的描述，仅仅指"物性"（物体的性状、性能）就通畅多了。

也就是说，孔子这句话的重点在于"识人"，知道自己的学生分别具备什么特点，是块什么"料"，然后因材施教。

人在江湖飘，如何用好"朽木不可雕"？

人生在世，少不了和人打交道。经过这样的认知调整，在识人方面，这句话对我们至少有以下帮助：

一方面，我们要客观、真实地判断一块木头的质地和特性，是完好的木头还是朽木，以便合理使用。扩及识人，我们应明辨每个人的心性、禀赋和优缺点，然后以合适的方式培养、利用、相处。

另一方面，当我们发现朽木不符合我们的标准，无法承担我们当下想让它承担的用途时，不应该怨恨朽木，而应该反思自我，也就是说，"朽木不可雕"，责任不在朽木，而在于雕刻师。打个有趣的比方，我们用朽木来建房子当然不行，但如果摆在茶席上，也是一道靓丽的风景呢。我曾经在很多爱茶人的茶席上看到好玩的"废物"和"朽木"：残荷、老莲蓬、树根，甚至是松果……发挥巧思将它们摆放在合适的位置上，美不胜收！所以，"彼之蜜糖，汝之砒霜"，全在于主人是不是能工巧匠。

再回到我们的故事中，如果一定要分出孩子和妈妈、女邻居和婆婆之间谁有问题或者谁的问题更大的话，应该是妈妈和女邻居的问题更大些。孩子的智力水平妈妈是清楚的，孩子学习不行、体育不行，但一定有他行的地方，如果没有那就说明家长没有找到合适的启发孩子智慧的方法。婆婆的生活经历和文化水平女邻居也是知道的，婆婆做家务和看孩子肯定达不到她的标准也是明摆着的事实，她却强求，分明是自己糊涂了。

因此，这段话不是用来指责朽木和粪土之墙的，你看孔子最后也是落脚在"于予与改是"，也就是"我有了改变"。他是在自我要求，自我调整，而不是外求。

不生气的智慧:"人不知而不愠"

前两年身体不好,看了很长时间的中医。每次去看 A 大夫,他总是问我:是不是最近情绪出了问题?我说是。每次开完药,他总叮嘱我:不要有脾气,心里的情绪实在憋得慌就适当地发泄一下。

医者仁心,我在感谢 A 大夫细心体贴的同时,又对自己的情绪无能为力。因为世事无常,总有那么多不可思议的人,总有应对不了的状况,让我们生气、懊恼,情绪不佳。相信大家都有同感,有时候对于那些劝我们"生气是拿别人的错误伤害自己"的人,还会在心里反驳:"你这么说真是站着说话不腰疼。"

我们掌控不了世事,也控制不了自己的情绪,所以,情绪持续不佳。

人所遭受的情绪冲突无一不体现在身体上,所以,医家有言,"99% 的疾病都是情绪病""病由心生"。

平心而论,我写了很多年"鸡汤",又被良医 A 大夫不停调理,还是无法彻底免除被情绪所伤,但自从懂了"人不知而不愠",基本上就做到了对生气的"断舍离"!

子曰:"学而时习之,不亦说乎?有朋自远方来,不亦乐乎?人

不知而不愠，不亦君子乎？"(《论语·学而》)

我们重点关注一下"人不知而不愠"。关于这句话的含义，长期以来，我和你们一样，也是解释为"别人不知道、不了解我，我却不生气"。其实，这句话有两层意思：

一层是别人不知我，我却不生气。

第二层是人不觉知，我却不生气。

第一层意思好理解，就是别人不懂我的心意，不知道我的想法，我不觉得烦恼。第二层意思怎么理解呢？举个最常见的例子，我们常常抱怨别人："这么简单的道理他居然不懂，他是猪吗？真是笨死了！"

想一想，生活中因为看不惯别人"笨"，我们生了多少闲气！

还是拿我自己的身边人和事作为例子吧。有个朋友受我影响也爱上了茶，我去哪里买他就去哪里买，我买什么他买什么。我们在茶的天地里愉快地玩了许多年。

可是去年，他爱上了网购，从网上买了不少紫砂的茶器，价格不菲，每次都让我给他建议。

说实话，根据我的经验判断，他买的大部分东西并非物有所值，个别紫砂壶的泥料还很不好。我就实话实说了。

可是，他的思想却被销售人员的销售策略拿捏得死死的，根本停不下来。看着他买的那些并不算优质的茶与茶器，不知不觉我就生气。

而且我生气的级别越来越高，逢人就给人讲：

"明明是不好的东西，他怎么就看不出来呢？"

"明明是销售套路，他怎么就看不透呢？"

有一天我突然扪心自问：明明人家花自己钱、自己用，和我无关，我生哪门子气呢？

在理解了"人不知而不愠"的第二层含义后，我方才明白，我是气他的不觉知，识别能力差。也就是说，因为"他不知"，我"愠"了。

这么一捋，茅塞顿开，便再也不气了。

还有个朋友，跟我去听了几次国学课，最初的两次课她非常受用，可是很快就成了怨妇，每次她都看不惯同学们的问题，愤然曰："你看他们提的那些问题，我认为都是傻问题，他们怎么能那么想呢？"

明明是别人的问题，可她自诩高明，听不惯别人的问题，受不了别人的愚钝，自己气得义愤填膺的，更可笑的是，她的孩子不喜欢妈妈对别人说三道四，娘儿俩还吵起来了。这才是愚笨啊！

再联想到在新冠肺炎疫情防控常态化背景下，当输入性病例成为防疫的困难时，一些归国者不服从国内的防疫规定，私自外出，造成不必要的感染，网上也是骂声一片。这也是人不知而"愠"。这样也不好，愤怒、谩骂都是不健康的情绪，个别人的不服从，除了不同社会的价值基础不同，还有规则的不同，还有对新冠肺炎疫情的认知不同，正确的方式是想办法要让他们觉知，而不是以语言暴力来以暴制暴。假如我们把重点放在解决问题上,而不是发泄私愤上,就好了。

我把这样的理解分享给很多朋友,他们内心都豁然开朗了,没那么多偏见和不满,心平气和了许多。但愿对各位读者也能有所帮助。

自以为"思无邪",其实是真狡猾

一个喜欢研究星座的朋友对我"八卦",说白羊男特别适合做好朋友,但不适合做老公。

她说白羊男外向、开朗、大方、活泼,但易惹"桃花"。

真有这回事?正当我疑惑的时候,我的一个"女朋友"敲门,她仿佛是上天派来给我送答案的。具体发生了什么呢?

"女朋友"说她快被老公气死了。老公在外面是个傻白甜,口碑极好,工作任劳任怨,备受同事们欢迎。在家里就脾气暴躁,一言不合就炸得满地开花。

现在,有个女同事特别欣赏她老公的性格,总在一起玩,平时下班后也总是语音不断,周末也总是一起户外活动,语言和活动的频次明显超出了正常的范围和分寸,"女朋友"就提醒老公要注意保持一下和异性的距离。

老公就气急败坏地砸杯子,大发雷霆,说:"我们只是简单的同事关系,再说了,即使是她喜欢我,也是她的事,和我没关系。"更可气的是,他还指责妻子思想污秽复杂,而他则心地单纯,"思无邪"。

"虽然我也有点儿文化,可对于他'思无邪'的说辞,我还真是不知如何顶回去。""女朋友"委屈极了。

他老公的说辞是很牵强，那我们就好好找到原句，看一看此老公到底是不是真无邪。

子曰:"《诗》三百，一言以蔽之，曰：思无邪。"

这句话是赞美《诗经》的，说明《诗经》的至诚至美。"思无邪"就是思想念想要正，要有正思维，无杂，至诚，而不是邪知邪见。如此对照，我"女朋友"她老公自称"思无邪"站不住脚，欲盖弥彰。

星座学上比喻白羊座是"行走的荷尔蒙"，当然也不是绝对确切，但即使不是这样，作为一个成年男人，对于异性的示好，他一定是心知肚明的。其实他特别享受这种被异性追随示好的感觉，甚至对于男女私情的生发有某种潜在的期待和愿望。他的内心是有邪的，是乱的，是不规矩的。目前只是没有突破底线而已。

所以，他不是思无邪，而是真狡猾。

唠到这里，"女朋友"哭笑不得地叹息：哎，看来没点儿国学功底，不懂《论语》，无论居家过日子还是精神生活都捉襟见肘啊。

可不是嘛！国学是大智慧啊，智慧的应用广阔无边。

除了一些心机男拿来当挡箭牌的"思无邪"，生活中还有很多站不住脚的"思无邪"。比如那些直肠子、刀子嘴豆腐心，他们也总说自己不过是思想单纯、心直口快罢了，没想那么多。可是，恰恰是这些自以为是的"思无邪"给别人带来了无尽伤害。

有人说话从来不顾别人的感受，想说什么就说什么，后来我提醒她，她解释得振振有词："我不过是没有别人那样的巧嘴。我心是好的。"也就是"思无邪"。其实，这些心直口快的人不是"思无邪"，是思想懒惰，不愿意思考；是自私，只顾自己痛快，不为别人着想。

还有些"思无邪"总是打着为别人好的旗号。比如有个朋友总拉着我去她买衣服的店买衣服，因为我们俩穿衣风格完全不一样，所以我没有听从她的建议，她就在背后对别人说我不领情，而她是"思无邪"："我只是想帮她省钱，让她买到物美价廉的衣服，为了她好。"其实她哪里是纯粹为了我好？只不过是想让我和她一样罢了。不信你也可以自行推理一下，你会发现，我们大多数的为了别人好，其实是想让别人和我们一样。

真真假假，还真是颇费思量。

对于这些口直心快、总说自己为了别人好的人，若真想做到思无邪，应该这样做：

站在对方的角度考虑问题，为对方的利益计议，考虑对方的性情喜好，然后以他们容易接受的方式来提建议或意见。

即使是为别人好，也要用柔和的语气。

即使被对方误解，甚至不领情，也不要抱怨嗔怪对方，还是希望对方好。

"心不在焉",才能活在当下,安闲自在

一位特别著名的心理学博士说:"我学了15年心理学,我觉得这门学科没用。"

作为一个资深"鸡汤"写手,我也听过很多种反对"鸡汤"的说法。起先我是挺不认同的。我之所以乐此不疲地写"鸡汤",是因为真的在精神困顿的时候感受过"鸡汤"的好,心头的迷雾被驱散过,心灵被温热过。

当我学到《大学》第八章的时候,我的想法有了180度的改变。

所谓修身在正其心者,身有所忿懥则不得其正;有所恐惧,则不得其正;有所好乐,则不得其正;有所忧患,则不得其正。心不在焉,视而不见,听而不闻,食而不知其味。此谓修身在正其心。

这段话讲的是修身与正心的关系。心不正就是异态,我们知道,心在收缩或扩张状态时,都不正。而之所以出现异态,是因为受了力的作用。这个力,有内外之分。在文中已经作了清楚的用词区分,只不过许久以来都被大家所忽视了。比如"忿懥","忿"是内,指人内心心绪散乱。"懥"古字从忄,从慐作,指愤怒的样子,是外力

因素。

"恐惧"也是两层含义。"恐"字从心,巩声,而"巩"在古字里是用皮革包裹、捆缚的意思,意味着内心受到了边界的束缚,是内在的不安;"惧"(繁体为"懼")字始见于战国金文,"瞿(jù)"作声旁,表示读音;"心"作形旁,表示这个字的本义与内心的状态有关。声符"瞿"本指鸟睁大眼睛怒视的样子,用在这个字里,应该也是对人惊恐之状的描绘。古代书法作品《六体千字文》中,"惧"字篆书便简化为一双瞪大的眼。所以,在古字中,惧意味着对外在未知事物的害怕。

"好乐"也是两个词,"好"是发自内心的喜欢,想据为己有。比如我们看到鲜花,喜欢,想带回家;看到心仪的异性,想长相厮守,这叫"好"。而"乐"是内心受到外在诱惑的吸引,跟着跑出去。比如"乐不思蜀"这个成语,就是受到外在的牵引不愿归来。

"忧患"中,"忧"是对已经发生的不好的事情发愁,"患"是对未发生的表示担心。

当我们的身体呈现出以上几种状态时,内心都是不正的。那么接下来的一句话就有意思了:"心不在焉,视而不见,听而不闻,食而不知其味。此谓修身在正其心。"

看到"心不在焉",我们就认定这是个不好的成语,小时候每当我们学习不认真的时候,师长们就这样训斥我们:"不要心不在焉,要把心放在学习上!"如此理解的话,相当于把"焉"作为一个语气助词,翻译成:心不在了,于是就看不见,听不见,吃什么也没有味道了。所以修身一定要正心，把心找回来了。

可是，按照这样的翻译理解，从意思上解释不通啊。

现在，我们试着换一个角度，把"焉"作为名词来思考，体会一下。

在古文中，"焉"作为名词时，是候鸟、远征之鸟的意思，往返于两地之间，《禽经》："黄凤谓之焉。"许慎《说文解字》："焉鸟，黄色，出于江淮。"段玉裁注："今未审何鸟也。"

这样一来，"心不在焉"就可以理解为心不在往返的状态，也就是安住当下的意思，如此理解，就与后面的"视而不见""听而不闻""食而不知其味"衔接上了，融通了。"视而不见"中的"见"在古汉语中指特别用力地看，有"我见"的偏颇，"听而不闻"中的"闻"指特别聚精会神地听，"食而不知其味"中的"知"在古代指打仗的经验，固有的经验。这几个字都带有强烈的主观色彩，非常刻意。这样分解以后，整个句子的意思就非常明确好理解了，就是劝告人们不要在事物上投射过多的主观意识，放下习性，忘记所知所见，用归零心态，平等性地看待世间万事万物。这样合起来就顺理成章地得出"修身在正其心"的结论。

因此，"心不在焉"其实是个褒义词，我们误解它太深了，它的意思相当于我们现在鸡汤文中的"活在当下""我心安处即是家"。不要心猿意马，要接受现实。

举个例子，如今世界正遭逢百年未见之大变局，高歌猛进的时代过去了，很多人都不同程度地焦虑，就是"心在焉"的状态，他们总幻想"如果世界还像以前那样就好了",心想:"唉,时代红利不复返了,回不去了,日子不如以前好过了。"于是就烦恼忧愁了。假如能"心不在焉",心不在两边跑,不痴心妄想,顺应现在的时代节奏,过好当下的日子,就"正心"了。

可见,"活在当下"的确是很嘹亮很提气的口号,但如何能"活在当下"呢?没有具体内容和解决方案。而"心不在焉"就是方法,心不要在两地两边跑,就是切实有效的路径,所以国学经典是很具象很实用的。

心不累的活法，从知"止"开始

从上班族到小学生，都感觉活得很累。

这种累，多是心累。

和身体的物理性劳累比起来，精神的累危害更大，也更难修复。身体累休息一下睡一觉就好了，心累则丝丝入扣，无处可逃。

我以前写过一本心理学方面的书，专门探讨心不累的活法，里面分析了现代人心累的种种原因，也提供了许多对治心累的技巧。可是，现在，我觉得那十几万字，都不如一个"止"字。

2021年夏天，有那么一段时间，我的心情颇不宁静，焦躁不安，悲观厌世。为了走出阴影，我想起"静能生定，定能生慧"这句话，便要求自己尽快静下来，可是做不到啊，无论哄自己，还是命令自己，抑或是吓唬自己，都没用。万般无奈，想起《大学》开篇也有这段关于静、定、慧的文字，就翻来求解。

大学之道，在明明德，在亲民，在止于至善。知止而后有定，定而后能静，静而后能安，安而后能虑，虑而后能得。物有本末，事有终始，知所先后，则近道矣。

根据这段话,要想静下来,得从"知止"开始。

什么是"知止"呢?是停下来吗?

这里"止",不是停止的意思,而是"止于至善"中的"止",即向往、愿景、目标。"止于至善"就是达到最高的尽善尽美的道德境界。

所以,"知止"就是知道自己的目标,有了向往的最高境界。

知道了自己的目标,就能"定"。那什么是"定"呢?

根据《说文解字》,"定"从宀从正,是"安"的意思。

"静",形声字。从争,青声。此字始见于西周金文。青,初生物之颜色;"争"的古字形像两只手争夺一个曲形的东西,其实我们可以理解成扶正的意思。扶正,不受外在滋扰而坚守初生本色、秉持初心。因为"定",在正道之上,所以才能扶正,达到"静"。

"安",会意字。在字形上,早期甲骨文中的"安"字由三个象形的独体组成:外面的半包围结构是房子的侧视图;中间是一个面向东方而双手敛在腹前而端坐的妇女的形象;右下角是"止"(脚的象形),是古文字里表示行动的符号,以"止"构字,表示从室外走到室内来之意。这个字,可以理解成内心安住的意思。静下来,秉持初心,才能安在一定的区域,保持恰当的姿态。

"虑"字是形声字。从思,虍(hū)声。"虍"指"虎皮",是用虎皮来代表老虎,而老虎是山中的大王,皮下面包着思考,因此"虍"和"思"合起来的意思是深思、谋划大事。就是有了大智慧。

"得"是会意字,左右结构。金文字形,左边是"彳",右边是

"贝"（财货）加"手"，表示行有所得。能深思能谋划，再有行动，就会有所"得"。

所以，我们要想静下来，最关键的是要"知止"，前两年流行一句话叫"先定个小目标"，这个"小目标"，其实是一种"止"，有了向往，就能静下来。

比如当我这次历时两年深入学习国学后，我觉得国学特别治愈，一定要分享给大家，这就是我的"止"。然后我就给自己设立了一个小目标，要一年内抓紧时间梳理、记录下自己的生活心得。然后我的心就不散乱了，就真的安静下来了。

在《大学》中，有很多处关于"止"的语句，比如"邦畿千里，惟民所止""缗蛮黄鸟，止于丘隅"，都是含有向往之地和庇患理想之所的意思。所以，"知止"真的很重要。

明白了这些内容后，再来看看"物有本末，事有终始，知所先后，则近道矣"，就特别佩服老祖宗的高明。在心灵的安静上面，知止是本，我们为了静心而开展的各项体育活动、各种心理学技术是末。不能说"末"没有用，它也有一定的作用，比如跑步确实能在短时间内刺激肾上腺激素的分泌。但如果"本"不被关注，不解决，"末"端的效力是非常有限的。如果配合"本"上的觉醒，那"末"的技术成效会放大无数倍。

可惜心累的我们总是本末倒置，先后主次不分。年少时，每逢心情不好，就出去旅行，嘴里喊着口号：没有什么是一趟旅行解决不了的。可是在旅行的过程中，烦恼丝毫没有削减，只是多吃了些美食，看了些风景而已，回来照样烦恼，并且因为旅行费用超支又增加了经济的压力。现在回过头去看，旅行也是末，根本在于内心没有方向，没有"知止"。假如那时候能有一种类似于国学的志趣，应该就会少走很多弯路。

所以，越是心累，越要"知止"。

优秀的人不是戒掉了情绪，是能调控情绪

有人说：优秀的人，早就戒掉了情绪。

最初我也相信了，可是，我认真地想了想，捋了捋，发现，世界上真没有这么优秀的人。人非草木，孰能无情？只要是人，就有感情，稍微控制不好，情绪就泛滥了。即便是孔子，也有自己特别喜爱的弟子，比如颜回。所以颜回不幸早逝，孔子也痛心疾首："噫！天丧予！天丧予！"

所谓的戒掉情绪，只是自我麻木，假装看不见，或者看见了也置情绪于不顾，生吞、硬憋、强忍，任其在人体的小宇宙里兴风作浪，泛滥成灾。

"戒掉情绪"是个"大坑"

"戒掉"情绪有多危险？直接要命。

刘邦那么强，那么自信，第二次丰城战败后大怒，也被气出了大病。这就是"戒掉"情绪的后果。

现在，关于成年人的情绪现实，有个流行的说法是："成年人的崩溃，往往只在一瞬间。"我们在网上时不时看到有些成年人突然情绪崩溃，在公共交通上，或在马路边。其实，每一个一瞬间的情绪爆发，其背后都是情绪长期不被关照，压抑过度、过久的现实。理智再也无法控制情感，于是失控。我也见过一些病人，他们看起来都是脾气很好的人，但突然有一天，他们病倒了。在医患沟通中才痛哭流涕地坦言，自己并不是真的心情好，只是碍于面子或现实，从而故作轻松装出来的好。直到身心不堪重负，情绪价值被严重透支。

每每看到这些，总想说：那些野蛮戒掉情绪的人，无异于对人性犯了罪。

所以，一个有智慧的人总是能很好地关照和调适自己的情绪，而每一个想好好活着的人，都必须树立管理情绪的意识，因为我们的情绪随时会出问题。

明白"喜怒哀乐之未发，谓之中"，避免情绪病

如何能很好地管理自己的情绪呢？《中庸》中有句话可以作为情绪管理的根本大法。

喜怒哀乐之未发，谓之中；发而皆中节，谓之和。中也者，天下之大本也；和也者，天下之达道也。致中和，天地位焉，万物育焉。

这是君子涵养的理想状态，也是我们情绪控制的终极目标，假如一个人能达到这样的生命状态，他将时时刻刻都处在非常愉悦的状态中。

这是一种什么样的情感和情绪状态呢？我们来翻译一下这段话。

"喜怒哀乐"就是人的种种情绪，包括但不局限于喜怒哀乐，还包括忧思恐等情绪。"发"是什么意思呢？很多人翻译为发生，我个人不太赞同这种解释，因为我们无法拒绝情绪的发生，所以，这里的"发"可以理解为发泄、宣泄。"中"即不偏、合度。"中节"就是合乎法度、有节制，可以为"用"。

因此，这段话可翻译为：喜怒哀乐的情感没有过度发泄出来，可以称之为"中"；喜怒哀乐的感情表现出来，但能适中且有节度，可以称之为"和"。"中"是天下最根本的，"和"是融通天下的法度。达到了"中和"，天地就会各安其位，万物便得以蓬勃生发。

把这段话的内涵用在情绪的把控上，有两点需要特别提醒大家注意，一是很多人僵硬地理解"未发，谓之中"，把重点放在"未发"上，认为有情绪不要发出来，要憋着。其实，这句话并没有要我们强忍的意思，只是情绪没那么强烈，是可控的，所以不需要特别夸张用力地表达出来。不说，便很舒服。如果感觉需要表达发泄的话，那也要节制，合乎法度，使得关系和睦。也就是说，表达喜怒哀乐是一个用来交流沟通的方法，而不是为了宣泄自己内心的不满或其他不当情绪。因此，"中"是内在的极致状态，"和"是外在的极致状态，一个情绪"中和"的人，一定是内外都达到了极致状态。那么，在这种特别极致美好的状态下，才会各安其所，万物蓬发。

帮你情绪实现"中和"的三个小妙招

如何让自己的情绪处在"未发"愉悦、"发而皆中节"的状态呢？

一要忍耐。一个人格健全的人，是需要忍一忍的，也是有能力忍一忍的。但忍要量力而行，从自己的承受能力出发，不能硬忍、逞强。忍不住的时候，也有其他的疏通渠道和方法，比如倾诉、自宠、写下来，或者画一幅思维路线图帮助自己厘清思路，这样更有助于解决问题。

二要助人为乐。当你真的能做到以帮助别人为乐趣时，你的很多负面情绪就会顷刻间消失，那时候，你将个人感受与别人的感受融为一体，别人的快乐就是你的价值感来源。不要以为助人为乐这个提法很老套、很简单，其实很极致、很难，我们自以为的助人为乐往往不过是顺水人情，主要还是为了彰显自己的好。我也是刚刚体会到这种乐趣，我发现，当我真的以助人为乐时，我那些烦恼、嫌麻烦、怨恨、嗔怪的情绪不见了，负重感不见了，委屈没有了。而当你做不到助人为乐时，你对别人的帮助是不得已而为之，是勉为其难，相当于割肉或抽血给别人，你当然舍不得了，就会很痛苦。

　　三要顾及别人的感受。喜怒哀乐种种情绪显现出来，都是一种方法，一种和谐自我与他人、外界关系的方法：你的愤怒要有威仪和震慑力，能止恶。你的快乐不要引起不必要的妒忌和怀疑。你的悲哀不要给别人制造"低气压"。总之，你要时刻考虑自己的情绪会给别人和外界带来的影响，须臾不可离。也就是，不能只顾自己发泄的爽快，不顾及他人的感受和实际效果。

哀而不伤，乐而不淫，做情绪"战神"

我与她亦师亦友。所以，本书中的很多"她"，都是她的影子。

她经营茶室已经十多年了，这些年，送往迎来，举办的茶会不计其数，但至今"止语茶会"仍是一个向往，一直未能实现。大多数人来到茶室，还是少不了言谈、说道说道。因为在人们的认知范围内，茶室是一块可供人暂坐，让人从俗务里脱离的清幽之地。还有，居家过日子婆婆妈妈的各种不快，也需要找个地方倾诉一下。

她温柔又有智慧，几乎每一个向她倾诉的人，经她开导，都能走出烦恼，所以，在茶友的眼里，她是"解药"。在劝慰大家时，她也说情绪管理的事，记忆中，她总是举开车的例子。她说，人暴怒或者极其兴奋，就如同开车急刹或者猛然加速一样，那种瞬间爆发的猛劲和强力对人身心的伤害挺大的，所以要对自己好一点，不要暴脾气，不要有那么激烈的情绪。

这样我想起了《论语》里说的"乐而不淫，哀而不伤"。

子曰："《关雎》，乐而不淫，哀而不伤。"（《论语·八佾》）

"淫"是过度的意思，我们常说"淫雨霏霏"，就是形容雨总下个不停,没完没了。"哀"字最早见于金文,字形从口、衣声,从口,表示破了个口子。"伤"的程度就严重了。"伤"字始见于战国文字,从字形上理解,"伤"字表示人的皮肤被箭射穿了。可见"伤"的程度比"哀"要严重得多。

任何情绪的放逸都会引发心理灾难

高兴过头了也会伤人吗?会。北京冬奥会上,中国冰雪运动取得了历史性突破,我一个对体育从来不感兴趣的女性朋友,突然爱上了冬奥会,运动员的体育精神、比赛气质、拼搏自信都让她感受到一种力量,她的爱国主义热情高涨。那几天,她特别兴奋,可是冬奥会结束了,运动员都各回各家、各找各妈了,她突然失落不已,从极度兴奋坠入极度忧伤。她告诉我说,心顿时像被掏空了一样,有种失恋的绝望与幻灭感。

这就是乐过头了引发的情绪灾难啊。其实从我们古老的中医理论上,喜也是"伤心"的。

"喜伤心"的典型例子,就是《儒林外史》里的"范进中举",我们就不赘述了。每年的演唱会或者世界杯上,也都有悲剧发生,其实就是过度兴奋惹的祸。加拿大有个修鞋匠因为中了彩票也高兴死了,死的时候脸上还挂着笑。

这也是有传统医学根据的,《灵枢·本神》上说:"喜乐者,神惮散而不藏。"就是说喜乐过度会损伤心神,使得心气迟缓、精神涣散。

那过度悲伤呢?过度悲伤首先伤肺,《黄帝内经》上说"悲则气消",因为肺主气,司呼吸,是人体之气的重要来源。悲哀还会伤心,如《素问·举痛论》说"悲则心系急,肺布叶举",在西医上也有"心碎综合征",就是指人在极度悲哀时会出现胸痛、呼吸困难甚至猝死等症状。

因此,纵浪大化中(陶潜语),人应保持情绪的稳定,善于调控自己的情感,保持稳定的心理状态,不要让过激的情绪冲击身心的堤坝。这是养生的基础。女性朋友要尤其注意,女人操持的琐事多,又心细如发,容易发生情绪波动。

四十岁之前,我都是个情绪极为不稳的女人。我的日常基础情绪只有三种:特别开心(乐而淫);特别不开心(哀伤);没什么事的时候又庸人自扰,莫名地忧伤,对逝去的过往和眼下的不如意伤怀。其实这第三种忧伤的情绪是既淫又伤,都脱不开"乐而淫""哀而伤"的本质。

所以在如此重读《论语》之前,我的身体一直不算好,尤其是内分泌方面。现在,通过学习从《论语》中寻得情绪控制的宝藏后,我的情绪稳定多了,鲜少有事情可以令我情绪动乱。我成为别人眼中"不惊不惧,不悲不喜,八风不动"的强人。

我是怎样从情绪"弱鸡"晋级"战神"的

请问,我是怎样从一个稍有风吹草动就慌乱不已的情绪"弱鸡"修炼成一个如如不动的情绪女战神的呢?先分享两个要诀吧。

其一是事缓则圆。让子弹在空中飞一会儿,冲动时不作任何决定,遇事先别着急发作,缓一缓。这有三个好处:一是让情绪有个缓冲,减少对身心的杀伤力;二是等待事情本身会发生变化,有转机;三是想一想有没有更好的处理方法。

举个最简单的例子,有时候我会收到一些令人犯难的请求,拒绝吧,伤感情,不拒绝吧,又不符合道理。当我为难犹豫的时候,对方却主动说:"不用了亲爱的,我想到其他办法了。"我特别欣慰,朋友的难题自己解决了,我也没有为难。

所以,缓一缓很重要。

其二是接受规律和无常。我们生活在既定的规律当中,"应尽便须尽,无复独多虑",凡此种种,欣然纳受就好。当然这有一定的难度,不是一下子能做到的,但要有意识地告诉自己,接受现实是需要日常训练的。坚强也是在了知真相后不停训练而成的。

若能素位而行，人生处处是风景

新冠肺炎疫情刚暴发的时候，对所有人来说，这都是一场严峻的心理考验。

这一场疫情，来得猝不及防，中外惶恐，世界停摆，人们固有的生活节奏被打乱，慌慌张张，活得不自在起来，感叹"无所逃于天地之间"。

我刚好也感冒了，更是吓得魂不守舍。讨厌疫情，也讨厌感冒。

唯独朋友和她的茶室除外。

她还是像往常一样按时上下班，店员每日的工作时间倒是被她改成了半天。

若是有约茶的朋友，在确保安全的前提下，照样约茶。

该上新的，还是如期上新，比如明前高山白牡丹，广西梧州地区的社前茶。为了配合防疫，店里还到货了正宗老陈皮。

泡茶的动作，还是那么稳妥利落。事茶虽简，心意不迟。

这安之若素的节奏，也安顿了焦虑恐慌的我，她与茶室仿佛一片绿洲。

所以，当别的实体店都哀鸿遍野时，朋友的茶室看起来还是一如既往的样子，茶友们也都从茶室的稳健运营中受益颇多。我们忘了尘网的混乱，安于一室清和，欣赏着茶空间里的"居处恭，执事敬，与人忠"。

这种状态让我由衷地赞叹，又纳闷儿：为什么全世界都凌乱了，但她和她的茶空间还是那么无碍超然？

我在《中庸》中找到了答案。

君子素其位而行，不愿乎其外。素富贵，行乎富贵；素贫贱，行乎贫贱；素夷狄，行乎夷狄；素患难，行乎患难。君子无入而不自得焉。在上位，不陵下；在下位，不援上。正己而不求于人，则无怨。上不怨天，下不尤人。故君子居易以俟命，小人行险以徼幸。子曰："射有似乎君子，失诸正鹄，反求诸其身。"

看到"素其位而行"，我恍然大悟，朋友之所以能安之若素，就是因为她能"素其位而行"啊。

所谓"素其位而行"，就是忠于事物的本质和状况，安分守己，因地因时制宜，不做非分之想，不行非分之事。"素"本义是未染色的丝绸，代表事物的本质，"位"不是物理意义上的方位，而是抽象意义的位，指当下的条件和现实。比如彼时，新冠肺炎疫情在全球暴发蔓延就是"位"，个人感冒了也是"位"，"素其位而行"就是根据当时的社会和自身的状况，主动采取积极的措施，能做什么就做什么，而不是妄想"如果没有疫情多好""如果我没有感冒多好"等等。这些胡思乱想，就是"愿乎其外"了。

当我对"素其位"有特别深入的体会时，我立即安顿了自己，心不烦躁了。并且把它当作"有力武器"安顿了更多的人,第一位就是我的父亲。刚刚出院的老父亲无法接受自己身体不复从前的事实,折腾得人仰马翻。因为年迈体弱和多年静脉曲张,父亲已无法站立行走了,可他非闹着要回到从前那样子。这不就是没有"素其位而行"吗。小时候父亲教我数学,现在轮到我教他语文了。通过视频,我耐心地告诉父亲这句话的意思,并且启发他:"具体到您个人身上,就是要接受自己身体部分零部件损坏的现实,不要痴心妄想,然后在此基础上尽可能地改善,一定会有好结果的。"

在我的安抚与鼓励下,父亲一下子就安静下来了,开始"素位而行"。现在,虽然还不能走,但能站起来了。对于88岁的老人,从坐着到站着,也是里程碑式的、不可思议的胜利。

鉴于"素其位而行"对我个人的帮助太深广,它简直渗透浸润到我人生的方方面面,所以这整段话我们都逐句说一下。

"素富贵,行乎富贵;素贫贱,行乎贫贱;素夷狄,行乎夷狄;素患难,行乎患难。"这句话很好理解,就是富贵之人,就应抱持富贵人应有的行为方式;贫贱状况下,就保持贫贱人应有的姿态,行贫贱状态下该做的事;处于边陲地区,就做在边陲之境地应做的事;遇到患难,就做在困难的情况下应做的事情。

"君子无入而不自得焉"这句话也很核心。这个"入",就是进到某个情境的意思。也就是说,君子无论处于什么情况下都有沉浸感,都安然自得。

"在上位,不陵下;在下位,不援上。"这句很好理解:处于上位，不欺侮在下位的人；处于下位，不攀附在上位的人。

"正己而不求于人，则无怨。上不怨天，下不尤人。"这句要好好说一下。因为这句专治"怨妇"。现在大家太容易怨天尤人了。"正己"就是矫正自己，上不抱怨天，下不抱怨人。为什么不求于人就会无怨？因为只要你求于人，就一定会有求之不得的概率，而且这个概率还很大，就会多怨。

"故君子居易以俟命，小人行险以徼幸。"理解这句话的重点在于"居易"的含义到底是什么。有人解释为"安居现状"，其实它并不是被动地安居现状，而是一种弹性的状态，虽然处于该处的位置，但还是会做出相应的努力，对变化有了知。知道事情不会一直这样，不会一直好，也不会一直不好。"命"是天命，也就是崇高的道德。因此，这句话就可以理解为：所以，君子处在该处的位置等待天命，小人却铤而走险妄图获得非分的东西。

"正""鹄"均指箭靶子，画在布上的为"正"，画在皮上的为"鹄"。孔子以射箭来比喻君子修行，射不中目标，达不成愿望，应当从自身找原因，而不是怨天尤人。

同样，当我们在人群中感受到不自在的时候，达不成目标的时候，也应该"反求诸其身"：是不是自己过于敏感了、贪婪了、自卑了、虚荣了、嫉妒了，是不是自己大意了、考虑不周了、漏掉细节了，诸如此类。要改变这些不自在的局面，还是要"素位而行"，注意，不仅要"素位"，还要"行"，要有行动的。

当你真正做到"素位而行"时，人生里就全是顺境了。

第三篇

好好居家——让家不再伤人,和气如春温

幸福的家，需要一颗主动施爱的心

刚好写到这里时，收到了一家出版公司的选题邀请，他们目睹了我这两年的成长，欣赏我处理亲密关系和人际关系的方法，于是邀请我写夫妻、亲子等亲密关系的沟通技巧，主旨是号召男女之间要做灵魂伴侣，深度沟通。他们还明确要求我用西方哲学的观点，模仿某"情感教主"的方式去执行。

婉拒了，不是不会，不是不能，是暂无趣向，因为我在《中庸》中找到了解决亲密关系痛点的"万能钥匙"。把这些"万能钥匙"挖掘出来，深入浅出地表达出来，大家只要舍得花半小时的时间，沉下心来，沉浸式阅读，哪怕只是简短的八九个字，能把文字背后的深意，把句子的味道理解透，所有的人际关系问题就都能迎刃而解。

我们先来领略一下"施诸己而不愿，勿施于人"这一句的风采。

子曰："道不远人。人之为道而远人，不可以为道。《诗》云：'伐柯伐柯，其则不远。'执柯以伐柯，睨而视之，犹以为远。故君子以人治人，改而止。忠恕违道不远，施诸己而不愿，亦勿施于人。君子之道四，丘未能一焉：所求乎子以事父，未能也；所求乎臣以事君，未能也；所求乎弟以事兄，未能也；所求乎朋友先施之，未能也。庸德之行，庸言之谨，有所不足，不敢不勉，有余不敢尽。言顾行，行顾言，君子胡不慥慥尔？"

这段话貌似复杂，其实是用打比方的方式来阐释的，很容易懂，所以大家不要有思想负担。

"道不远人。人之为道而远人，不可以为道。""远"是距离、排斥、拒绝的意思，也就是说"道"离每一个人都不远，人人都可以"为道"。如果一个人实行"道"排斥他人，那他所作所为就不足以为道了。生活中我们会遇到很多本领高强的人，他们自诩高明，拒人于千里之外，别人请教他，他不屑一顾，嫌人家段位太低而不愿搭理。其实，应该根据对方的基础条件而因材施教，不能拒人千里之外。

"伐柯伐柯，其则不远。执柯以伐柯，睨而视之，犹以为远。"这句话怎么理解呢？"伐柯伐柯，其则不远"引自《诗经·豳风·伐柯》。伐柯，砍削斧柄。柯，斧柄，斧子的把儿。则，法则，这里指斧柄的样式。

我想打两个比方帮助大家理解这句话。第一个比方是伐木，假如你是樵夫，让你去砍柴，你直接拿起工具随便找个地方去砍就是了。假如你是个书生，让你去砍柴，那砍柴就"远"了，需要学习、研究。

第二个比方是泡茶，对于一个资深的饮茶人来说，无论泡什么茶，她都可以很快地了解茶性，近乎本能地使用最合适的泡法。假如是个生手，那就要好好学习泡茶的知识、接受培训了，那茶道就离你"远"了。

通过这两个例子，大家就能理解"伐柯伐柯"的美妙了吧！有点我们平时所说的难者不会、会者不难的意思。但你不能因为不会就停止"伐柯"了，该伐还得伐，伐着伐着就会了。

通过述说"道不远人"以及"伐柯伐柯"的引述，孔子得出了"治人"的方法："故君子以人治人，改而止。"这句话的意思是说君子顺应人的心性和状态来治人，有了错误改过来就好了。进而论述："忠恕违道不远，施诸己而不愿，亦勿施于人。"这句话对于我们处理人际关系尤其是亲密关系至关重要。在待人接物过程中，我严格遵守这句话，生活发生了翻天覆地的变化。当然，前提是建立在深刻理解这句话的精神内涵上。

这句话说的什么呢？就是一个人做到忠恕，离道也就差得不远了。什么叫忠恕呢？从字形上就可以明辨，忠是"中＋心"，恕是"如＋心"。把心摆正不偏，就是忠；像对待自己一样对待别人，就是恕。自己不喜欢的，也不要施加给别人了。

反观至亲间的那些烦恼，不都是因为己所不欲，偏施于人导致的吗？

一位女士，抱怨女儿不孝，对她没有好脸色。

可是，这位女士对自己的母亲，也没有好脸色。

一位妻子，抱怨丈夫不理解她，对她不温柔。

可是，她的丈夫也是这样吐槽她的。

一个女孩，总怀疑她男朋友有"备胎"。

可是，她男朋友也是这样怀疑她的。

类似这样的怨，在每个家庭都不同程度地存在，并且代代相传，不停"轮回"。所以，人类的亲密关系，从来没像现在这么紧张。因为我们都奉行：你不让我舒服，所以我也不让你舒服。慢慢地，这种不让别人舒服的恶意蔓延到不让全世界舒服。

为何不反过来自我教导：既然不被善待这么难受，那我不要别人因我而感到难受，我要让别人舒服，要善待这个世界。也就是"己所不欲，勿施于人"啊！

当我劝人这样做时，曾被这样反驳：以德报怨，何以报德？我看透了，这个世界上好人没好报，我还是活出自我吧！

于是，他们在以怨报怨的道路上展翅高飞，其结果呢？矛盾升级、头破血流，即使分手了也无法释然。

人与人的关系是相互的，爱是需要训练的，也是可以成为习惯的，当爱与善待成为习惯，成为自然，人际关系的烦恼和困惑可以全然和你无关，你体会和收获的，将是芳华常驻内心。

还有一些对亲密关系修复感到绝望的人，无比委屈地说：我对他／她已经仁至义尽了，我觉得我没有任何做得不好的，我已经相当对得起他了。在他们看来，他们已经在"己所不欲，勿施于人"方面做得很好了。可是，连孔子这样的圣人都惭愧地说"君子之道四，丘未能一焉：所求乎子以事父，未能也；所求乎臣以事君，未能也；所求乎弟以事兄，未能也；所求乎朋友先施之，未能也。庸德之行,庸言之谨,有所不足,不敢不勉,有余不敢尽"呢,我们何敢妄言自己做得已经足够了呢?孔子这段话是忏悔的,对长辈,对领导,对兄长,对朋友,都有所不足。

所以,永远不要对亲人说"我对你已经足够好",而应该说"我差得很远",最起码应该说"我还可以继续提高"或者"智慧还不够"。

看不清事情的"伦",再多的爱也不会被看见

作为某上市教育公司的国学顾问,我有幸多次为孩子们辅导写作。在与孩子们的相处中,我发现,几乎所有孩子,哪怕是最不爱说话的孩子,只要说起自己的妈妈,都瞬间变身脱口秀冠军,对妈妈各种"吐槽"。

最难忘的是那一次,上课时间还没到,我就和一个孩子、妈妈在接待室等待。闲聊间,我问小朋友:"你是怕妈妈还是怕爸爸啊?"当然,现在回头看,作为老师,我不该问这样的问题。

小男孩不假思索地说:"怕我妈妈。我才不怕我爸爸呢,我爸只要一看见我,他的眼睛都是笑的,我妈看见我就皱眉头,每次我写作业她都盯着我,然后还总吼:'为什么你这都不会,为什么你写这么慢,为什么你还不快去睡觉?'"孩子学着妈妈平时训他的神情和动作表演着,惟妙惟肖。

我一时惊呆了,那是个不爱讲话的小男孩,一说到自己的妈妈,竟然滔滔不绝。

他的妈妈也被说急了,连忙解释,说孩子做事情爱拖拉。

送他们下楼时,女士委屈地落泪了,说她真的没想到如此含辛茹苦地抚养孩子,为了带孩子还辞了职,现在竟然落一身不是。一

声叹息：早知如此，悔不该当初，唉……

我又想起我闺蜜的女儿，有一次，闺蜜有事把孩子托付我照看一天，傍晚的时候，我问孩子："你想妈妈了吧？"

我以为孩子会回答"是"，可是孩子满眼里放着自由的光芒，说："我才不想我的妈妈呢，她整天只会训我，对我和爸爸大喊大叫，像个老虎一样。"

以上这些，可能很多女性并不知晓，但这真的让人心酸：在抚养和教育孩子问题上，通常女性付出比男性多，确实很辛苦，可是，实际上却是费力不讨好。自以为劳苦功高，是家里的功臣，应该被感激，没想到现实如此"打脸"。

网上也有很多类似的段子，比如："我学习好我妈心情就好，我妈心情好我们全家都好。"

为什么那些走出门去光鲜亮丽优雅得体的女性，在家里，在先生和孩子心目中，竟沦落成那样不堪得连自己都讨厌的样子？

这是为什么呢？我在《中庸》中也找到了答案。

《诗》云："予怀明德，不大声以色。"子曰："声色之于以化民，末也。"《诗》云："德輶如毛。"毛犹有伦。"上天之载，无声无臭。"至矣！

《诗经》说："我怀有光明的品德，不用厉声厉色。"孔子说："用厉声厉色去教育老百姓，是最拙劣的行为。"《诗经》说："德行犹如鸿毛。"即使是鸿毛，也是有经纶的。"上天所承载的，既没有声音也没有气味呢，也就是没有什么特别的感受。"这才是最高的境界啊！

以上两段，对于我们教育孩子，有特别深刻的启发。教育子女是家长的义务，可是如果摸不到问题之"伦"，言语不当，"大声以色"，不仅起不到作用，还会激起叛逆与敌对情绪。

放眼千家万户的家庭教育模式，无论大人对孩子，还是大人之间，基本上全靠吼，即用大声呵斥来批评，企图用高分贝的强调来控制、改变对方，这几乎是我们近乎本能的做法。看不惯对方，觉得不妥，就唠叨，说一遍不行，再说一遍，还不见效，那就一遍遍地说下去，越说声音越高，直到嘶吼。人人都有尊严与好恶，"谁都不是省油的灯"，这种嘶吼必然会激起对方的叛逆心与回击，那更不可收拾，于是一场家庭大战就此开始了。

这是大部分家庭成员之间的控制与反控制模式。实际上，任何道理，如果不是人家主动信服，自愿接受，有心尝试，有所受益，他们是不会听你的。你好好想想，是不是这样呢？

说个喝牛奶的故事。一个妈妈嫌她的女儿不喝牛奶，这成了她的心头大患，为了喝牛奶这事母女俩成了仇人。

后来我问孩子："你是否有乳糖不耐受症？"

孩子特别积极地问："阿姨，什么叫乳糖不耐受症？"

于是我就给她解释了。她听了后和我耳语："我不是乳糖不耐受症，我是故意不喝的，我讨厌妈妈总强迫我，像吃药一样逼着我喝。"

女孩爱美，我就告诉她："你看那些漂亮小姐姐，都有漂亮洁白的皮肤，你想拥有这么好的皮肤吗？"她说当然想啦。

于是我就告诉她喝牛奶有美肤和使皮肤变白的功效，给她找到了相关的证据，然后再在牛奶里加上香香的杏仁或者树莓，就这样解决了她不爱喝牛奶的问题。

所以，厉声厉色，不是教化、改变孩子的最佳方法，当然也不是唯一方法。

其实，一切问题都有它的原因和解决的机关，只是我们没有耐心和智慧，摸不到这个"伦"罢了。忽视了这个"伦"，再多的爱也不会被看见，再多的努力也是枉然。

再讲个对我触动特别大的亲子案例，也相信这个案例能刷新无数家长对孩子的认知。

外甥考上高中后，突然沉迷于玩手机，无论家长怎么围追堵截，外甥总有办法搞到手机，玩个不停。因为他玩手机，整个家庭都陷入乱局，姐姐和姐夫互相指责对方教子无方。

暑假的时候，我邀请外甥来我家散心，转移一下他们家的矛盾。

我说你的数学卷子我看看行吗？于是孩子就拿出他的卷子，得意洋洋地说："我努力挣扎了两个小时，完美地错过了一切正确答案，只得了32分。"

我突然抓住了一个关键信息：挣扎俩小时。这就意味着他肯定也想考好，要不然不会在考场上为难两个小时。

另外，想考好却考不好，自信心一定很受打击。那玩手机、打游戏是不是他的一种心理代偿？他想通过打游戏来找到自我肯定，对抗自卑感。

于是我就问外甥是不是这样，他眼圈一下红了，还有点儿紧张，咬着手指说是，还向我倾诉了更多，说本来也爱学数学，就是因为数学老师突然换了，他不适应，听不懂，所以成绩突然就很糟糕。

我突然特别理解他，硬着头皮去听听不懂的东西，是很痛苦，好比让我去学编程，我也一定像听天书一样听不懂，一定也想逃。

于是我尝试了一种方法，请了一个温柔的数学老师辅导了他一下，外甥一下子就懂了，找到了感觉，数学成绩很快提上去了。

在考场上挣扎了两个小时，爱玩手机，其实，这些令人崩溃的的事实都是了解他的"伦"啊，抓住这些就能想到解决问题的最佳方案。

可是，现在家长们都太忙了，他们自己身心俱疲，没有耐心和精力去寻问题的"伦"，又急于达成目标，只能通过大喊大叫来表现家长的权威，表达想让孩子好的愿望。结果事倍功半。

如何从这种亲子困境中突围呢？大家可以坐下来，练习以下两种"听力"。

第一，倾听自己内心的声音，让自己静下来。让自己静下来的方法有很多，我就不赘述了，各有各的方法，我能告诉你的是，要把它当成一件事去做，要舍得留出时间。很多家长不舍得拿出时间来让自己沉淀思考，可是却不得不拿出大把的时间在迷宫中绕圈圈，因为他们解决不了问题，就相当于进入了迷宫。劳而不静，其结果便是"稷之马将败"（任何事情，超过受力的极限，必然失败）。

第二，倾听自己发出去的声音。也就是听听自己对家人说过的话，假如你是对方，你听到后会是什么感觉？"明莫大于自见，聪莫大于自闻。"（魏·徐干《中论·修本》）最大的聪是能听到自己说的话，明白自己的过失。己所不欲，勿施于人。学会用别人听着舒服并且能起作用的声音说话。

真情装不出，假意掩不住，家人面前不做"伪装者"

如果说人生如戏，那我们个个是演员，而且还是那种明明演技很烂却自以为天衣无缝的演员。

比如，我们明明不喜欢某个人，却装得很喜欢，以为别人看不出，其实，别人尽收眼底。

前同事惊异于我现在的改变之大、状态之好，就成了我的小"迷妹"，我去哪儿她跟着去哪儿，形影不离。

有段时间我经常光临一家茶书房，她也跟着我想蹭点儿"营养"，读些好书，认识些雅人。

可是，每次分享会都有她不喜欢的人，说她不爱听的话，她面色愠怒，眉角眼梢都是不待见。回来的路上，也喋喋不休，议论不停，诸如这个女人整容了、那个男人总抖腿之类。

我也感到很尴尬。见她长时间不懂收敛后，我就提醒她，大家聚在一起都是缘分，不要对其他人有意见。

果然，她对我的提醒并不接受，像猫被踩了尾巴一样激烈地反驳说："我没有表现出来呀，我只是和你说说而已，别人不知道。"

真是让人哭笑不得，她的喜好分明都是挂在脸上：左边的人她不喜欢，会飞速侧过身子向右边；右边的同学香水气味她受不了，就直接捂住鼻子；别人的观点她不认同，会低声"哼"一声，翻个白眼，或者离开。

为了帮她意识到问题，我抓拍了她分享会上的表情，给她看。看着照片里的微表情，她非常不好意思，怪我没有早点儿拦住她。

人的改变往往就是这样，一个问题上开了窍，其他问题解决起来也势如破竹，比如她开始主动问我："我老公总说我看不起他，可我没觉得是这样啊，是不是真的这样呢？"

我笑了笑，轻声说"嗯"。

她高学历，高颜值，又比先生小好几岁。当年是因为网恋和先生相识，因为她家庭负担较重，而先生经济条件不错，在关键时候帮了她，她因感动而闪婚，但在潜意识里，总觉得丈夫配不上自己。这样的潜意识也会体现在言行上，比如每当丈夫发表什么意见，她都说一句"你懂什么"，还经常冷暴力。

这让她的丈夫非常自卑，周围人都看在眼里，唯独她意识不到，也不承认。我也曾多次想提醒她，总觉得时机不成熟。现在，她意识到了，主动问了，那就可以告诉她了。

听后，她特别懊悔地说："唉！都怪我没有控制好'表情包'。"

其实，人的"表情包"是控制不住的，也就是说，我们讨厌一个人和爱一个人一样，都是藏不住的。

俗话说"纸包不住火",这个"纸"就是我们的伪装和表现。"火"就是我们内心的赤诚,只不过包括好的赤诚(真爱)和不好的赤诚(厌恶)。

关于这个道理,《中庸》中说得非常清楚。

子曰:"鬼神之为德,其盛矣乎!视之而弗见,听之而弗闻,体物而不可遗。使天下之人,齐明盛服,以承祭祀,洋洋乎!如在其上,如在其左右。《诗》曰:'神之格思,不可度思,矧可射思。'夫微之显,诚之不可掩如此夫!"

为了方便理解,我们把这段话分为三部分。第一部分:"鬼神之为德,其盛矣乎!视之而弗见,听之而弗闻,体物而不可遗。使天下之人,齐明盛服,以承祭祀,洋洋乎!如在其上,如在其左右。"这部分的大意是表明世人拜祭鬼神场面的隆重。

第二部分:"《诗》曰:'神之格思,不可度思,矧可射思。'"这部分通过引用《诗经》中的句子来进一步形容鬼神的不可度量,我们又怎能抓得到它呢?

第一部分是对人们拜祭鬼神盛景的形容,第二部分是对鬼神状态的描述,接下来就是孔子下的结论,也就是第三部分:"夫微之显,诚之不可掩如此夫!"也就是和本节主题最贴切的一句。

"夫微之显,诚之不可掩如此夫!"意思是说,再细微的东西也都会显现出来,内心的诚意就是这样不可掩盖。

根据这句话，可见，人的心是可以被看见的，心意是藏不住的，我们自以为掩饰得天衣无缝，其实昭然若揭。

我自己也有这样的体验。

前两年颈椎不好，朋友带我看过一位大夫。大夫医术精湛，但有些圆滑世故。坦白来说，我对他的第一印象并不好。于是很理性地把关系定位为医患关系。每次去，都毕恭毕敬，礼数周到。除了诊疗费之外，还时常给他带些礼物以示感谢。

我这样做应该相当妥当了吧？可是，有一次引见我的朋友告诉我，大夫说我看不起他，对我很有意见。

我当时很不高兴，诊疗费和礼物都给了，也恭敬有加的，还要怎样？居然对我有意见？可是后来我扪心自问，很快就没情绪了，大夫说得没错，我确实不喜欢他。

那件事也深深教育了我，我意识到，我们总以为把自己的心意藏起来，掖到犄角旮旯儿，别人就看不到了，其实，上天那一双检视我们的眼睛，才真的是"洋洋乎！如在其上，如在其左右"呢。

所以说，人的思想感情，真的假不了，假的也真不了。一定要忠于自己的情感，检讨自己是不是真的"诚其意"。

有人可能会说，我就是不喜欢某个人怎么办？我就是不愿意去做那件事怎么办？

那也要诚其意。暂时不喜欢，那就暂时不交往，但不必有敌意，也不要说人坏话。

不喜欢去做某件事，那就认真地拒绝，比如直言："对不起，我真的做不来。愿您找到更合适的人。"我们都没有修成君子，更不是圣人，所以，情感上有偏好是自然的，有分别心，有喜欢的和不喜欢的也都无妨，但始终要心存善意。

有时候，刺猬比兔子更需要拥抱，"知人"很重要

有民国情结、读过张爱玲的人，都对"因为懂得，所以慈悲"刻骨铭心。

可是，我们把它当成智慧用到生活中去了吗？有没有在生活中多一点儿懂得，与人为善呢？

显然没有，我们只是把它当作无病呻吟玩情调煽情的"道具"，既不懂自己，也不懂别人，所以，没有做到真慈悲，真爱。

道理很简单：不懂，怎么能恰如其分地爱呢？

我们见了别人家小宝宝，会上去亲两口。我们以为是爱，可是孩子却很烦。

我们见了别人家的古董，会冒然上去把玩。我们以为是爱，对古董本身却是伤害。

我们把父母请进高楼大厦，可是老人却喜欢小院里的逍遥自在。这对父母也是一种伤害。

不懂，真的没法爱。

讲一个我家"茶管"的故事。

"茶管"这个绰号，是朋友送我的。原因是我帮她解决了一件大事。

那天,她没有提前预约,径直来我家喝茶,因为她已经快愁死了,再不找我说说话,就会感觉世界末日了。

情况也确实不太乐观,她气色暗黄,人消瘦,但饭量很大,一顿能吃两个金砖面包。

凭着我日积月累的三脚猫的中医常识,我判断她甲状腺有点问题。果真如此。

刚一落座,就开始竹筒倒豆子一样说她最近的烦心事。工作压力大,房子卖不动(她从事房地产服务行业),很多板上钉钉的项目都搁浅了,跨界开了个饭店,受新冠肺炎疫情影响血本无归。

这还都是身外之物,可以承受,可是父母不省心,快把她逼疯了。"我死都死不起啊!"她用了这样字句来形容当下的心情。

她的母亲长期瘫痪,多年来一直是父亲照顾母亲。现在父亲也身体不好了,家里只有一个妹妹,也没有多余的能力照顾二老。所以,把父母送去养老院是最佳方案,父母能得到专业的照料,她在外面也能放心。

可是,父母宁死也不去养老院!她急得像热锅上的蚂蚁!

工作压力只是她生活压力中的一小部分,作为一个已经在职场摸爬滚打过许多年的成年人,工作带来的困惑她基本都能搞定,可以"立"了。所以,真正让她忧心的是无法安顿父母。子女与父母,血肉相连,关心则乱啊。

所以,当务之急,是帮她找到能说服父母去养老院的方法。

想说服老人去,就要了解他们为什么不去。

分析到这里的时候，我灵机一动，想到了《中庸》上有句话"思事亲，不可以不知人"，感觉极为贴切。这句话的意思是说，侍奉父母亲不可以不知不懂他们。

"不知亲"，当然就无法"事亲"啊。

那么，她和妹妹知道父母拒绝、抵触去养老院的原因吗？

她特别委屈地说："不知道呢，真不知道他们是怎么想的，就我们家庭的情况，这是父母最好的归属。明眼人都能看出来，为何我父母这么糊涂不明事理呢？"

我说，你说的明眼人其实也是无明的啊，他们有他们的无知；你的父母也没有这么糊涂，他们有他们的顾虑和坚持。

接下来，我试着帮她分析了父母不乐意去养老院的心理背景。

对于我们中国的老人，去养老院意味着以下两层残酷的含义：一是自己老不中用了；二是子女指望不上了。

对于老人，这是严重的心理创伤。因为父母那一辈，是坚信养儿防老的。现在被送入养老院，相当于一脚踩空了。

所以，必须要安抚他们的情绪，给他们更多情感上的倾斜和抚慰，而不能一味指责。那样就等于坐实了他们自己是儿女负担的想法，会让他们滋生更复杂的情绪。

然后又从具体原因上分析：老人不愿意去养老院，也许是担心那里照顾不好，不安全，子女不管了。

还有，老人不愿意去，是不是经济上也有顾虑呢？觉得钱都花出去了，他们不舍得呢？

如果是这样的话，那就要了解父母的所思所想，然后有针对性地去解决。

我就这样连比画带画图地帮她梳理了一下线索。她一下子抱住我，说我简直救了他们全家的命，确实就这样几种情况，现在，她想到了一个切入点。喝了口茶，然后忙不迭地就走了。

第二天一早，她就兴冲冲地来报喜，说父母的思想工作做通了。果真如我分析的那样，父母所思所虑确实就是那三个问题：一是认知上认为只有子女不要的人才去养老院；二是怕一旦被送进养老院，孩子们就不去了，他们看不到孩子会没有安全感；三是嫌养老院费用高，自己工资全花出去了，就不能帮扶女儿了。

现在，父母安顿好了，她高兴万分，一激动把自己私存的好茶全送我了，说我家的客厅可以改名"茶管"了，因为什么都管。

其实，人所有的活动，都是思维支配下的行为活动，把心和思维解决好了，行为自然就对了，结果自然就好了。

通过这个"茶管"的故事，我们可以看到，知人真的很重要。一个人不愿意做某件事，一定有他担心的东西。比如一个女人面临离婚，她死活不想离，自然有她的忧虑，比如情感上难以接受，面子上怕丢人，生活上怕没保障，怕找不到更好的下任，舍不得孩子，等等。

不仅亲人，所有的人际关系，都"不可以不知人"。所以，我们非常建议大家，要养成思考的习惯，而且越是那些难以理解的，让你觉得愤怒的、匪夷所思的怪异行为，越要好好思考、琢磨。有时候,刺猬比兔子更需要拥抱。

为了更好地理解"知人",我们还是要清楚地知道"思事亲,不可以不知人"这句话的出处。

子曰:"文武之政,布在方策。其人存,则其政举;其人亡,则其政息。人道敏政,地道敏树。夫政也者,蒲卢也。故为政在人,取人以身,修身以道,修道以仁。仁者,人也,亲亲为大;义者,宜也,尊贤为大。亲亲之杀,尊贤之等,礼所生也。在下位不获乎上,民不可得而治矣。故君子不可以不修身;思修身,不可以不事亲;思事亲,不可以不知人;思知人,不可以不知天。天下之达道五,所以行之者三。曰君臣也,父子也,夫妇也,昆弟也,朋友之交也。五者,天下之达道也。知、仁、勇三者,天下之达德也,所以行之者一也。或生而知之,或学而知之,或困而知之,及其知之一也。"

《中庸》(第二十章)中的这段话描述的是鲁哀公向孔子请教政治治理时孔子的回答。我们主要讲"仁者,人也,亲亲为大;义者,宜也,尊贤为大。亲亲之杀,尊贤之等,礼所生也。在下位不获乎上,民不可得而治矣。故君子不可以不修身;思修身,不可以不事亲;思事亲,不可以不知人;思知人,不可以不知天"这部分。

仁者爱人。"仁"就是爱人,侍奉双亲为大。什么是"义"呢?"宜也",怎么样合适,恰到好处、适宜。义的道理,"尊贤为大",亲近有道德的，也就是善知识，这个是最重要的。"亲亲之杀"是指亲爱亲爱之人要分亲疏，"尊贤之等"是说尊重贤人要根据贤人的能力和品德条件分等次，所以就产生了礼。"在下位不获乎上，民不可得而治矣。"这句话是说下面人的意见和情况不能有效传达到上级，那么百姓就不好管了。因此得出结论"故君子不可以不修身"。想要修身，就不能不侍奉双亲，也就是从最亲近的人做起。想侍奉双亲，就不能不知人，了解人的所思所想。想知人，不可以不知道天，这里的"天"怎么理解呢？结合《中庸》一开始就讲的"天命之谓性"，"天命"这个"天"就是天然，就是人的天性、个性。知道天性，才能知道人的本质。从这个意义上，"知天"就是"知人"。

接下来孔子总结了天下的五种达道，所谓"达道"就是恒常运行、百世不变的基本人道，包括君臣、父子、夫妇、兄弟、朋友之交。这五种达道囊括了我们今天所说的一切亲密关系。这五种达道能很好地运行，就能国泰民安。

所以，我们做到了知人，就是为国泰民安做出很大贡献了。

如果没有内里的暖，谁稀罕表面的光鲜

自从在著名情感杂志上开通"《论语》中的家风"专栏后，陆续收到了很多的婚姻家庭方面的咨询案例。其中特别有代表性的是这样一位年青女性，我们就以"无辜小姐"代称她吧。

"无辜小姐"是位中学英语老师，还是班主任，年纪轻轻就桃李满天下了。

在学校和学生眼中，她几乎是个完美的存在，为人师表，热情大方，恪尽职守。

可是家庭关系她却处理得一塌糊涂，婆媳关系、夫妻关系、亲子关系都很糟糕。

可是她却坚信自己做得天衣无缝，对得起天地良心。

"您是怎么做得天衣无缝的呢？"我询问。

"就比如，父亲节，我给我亲爹买啥，就给公公买啥；母亲节，我给我亲妈买啥，就给婆婆买啥。每逢做了好吃的，我自己不吃，都会给婆家送去。逢年过节我也都给钱。该做的我都做了，该尽的义务和礼数我都尽了，老天爷也挑不出我的不是来！"

显然，她着力的是形式，可是，如果没有内里的暖，又有谁稀

罕面上的光鲜?

当然,我也看不到她的心意几何,不能妄加揣度。只是安抚:"或许,你给的好不是他们期待的好吧?"

她更生气了:"我也不是天生就懂得如何做媳妇、做儿媳、做妈妈,结婚前也没受过培训,生娃前也没受过带娃养娃的培训,我也是从零开始的,为什么一家人都对我这么挑剔苛刻?!"

本来她情绪这么激烈,我一时没找到对症的方法,倒是上面她的抱怨,令我一下子就精准地在《大学》中找到了"法宝"。

《康诰》曰:"如保赤子。"心诚求之,虽不中不远矣。未有学养子而后嫁者也。

先解释两个关键词:保,是呵护的意思。赤子,是初生的婴儿。
这段话的意思是,《康诰》上说:"爱人民就像爱护初生的婴儿一样。"母亲内心很真诚地对待自己的孩子,虽然不是百分之百满足孩子的要求,但是一定不会差得很远。没有谁是先学习带孩子然后再嫁人的。

每个人的人生,都是单程票,我们做的每一件事,扮演的每一个角色,都是未知。我们在一无所知的情形下,就做了别人的子女;在不知如何为人夫/妻的情形下,就走入婚姻;在不知道如何做母亲的情况下,就做了家长。所有这些角色,都在小马过河般的摸索中前行。内心的赤诚，可以保佑我们不至于偏离正道。我们写这本书的发心和基点，也是如此。没有太响亮的名号，只是透彻地体会过人生苦短，认真地思考过解忧之道，一腔赤诚，只想尽绵薄之力，传递温暖。

带婴儿很困难，因为婴儿太小，有痛苦只会哭闹，人们往往不知道孩子的问题出在哪里。但是有意思的是，母亲凭借着对孩子的一片真心，却可以把问题判断得八九不离十。比如孩子哭了，要么是饿了，要么身体哪里不舒服了，抑或是受到了惊吓。

同样的道理，经营家庭或者治理国家看上去都很难，但是如果我们每个人都能心诚，很多不和谐即使不能一下子消除，那也能解决个八九不离十，最起码，方向是对的。

"无辜小姐"说得更无辜了："我一开始对我公婆心挺诚的啊，纵然那样，他们总是不识好人心，不领情。"

我让她举个例子。她就信手拈来地举了下面的例子：

"有一次，我花了好几个小时的时间烤了个抹茶蛋糕，给婆婆送去，她拒绝了，说这么贵的东西他们享受不了，给小孩吃吧。你说这不是打我脸吗？还对我说烤这玩意儿还不如蒸馒头烤地瓜呢。从那以后我再也不给她们送好吃的了。"

我说："这还不能叫'诚'啊。你若是真的想表达孝心，应该去了解公婆的口味，摸清他们的饮食习惯和想法。即使不刻意盘算，根据常识也应该能知道，老人在农村劳作了一辈子，肯定是享受不了城里人爱吃的抹茶蛋糕的，他们爱吃馒头地瓜，那就蒸点儿馒头地瓜送去好了。还有老人家都爱节俭，可能觉得蛋糕太贵了。再或者也许他是真的想省下来给孩子吃呢。"

"无辜小姐"有点急了，说："我一天到晚又工作又带娃的，我可没工夫琢磨他们的心事。"

好，那我们对自己真诚，对自己有耐心好吧。比如送蛋糕给公婆不被领情很伤心很委屈，那就把自己的委屈说给老人听好了，比如："妈，我是想让您尝尝我做的甜点呢，没想到您不爱吃，我很难受，我真希望您能尝一下，说不定也喜欢呢。"再或者，把自己的委屈好好说给老公听，求得他的理解。坦言自己的好意和被拒绝后的难过，是对自己的慈悲。可是"无辜小姐"很要强，她漠视自己的委屈，佯装不屑，故作坚强，到头来还不是自己受伤？

所以，真诚地聆听自己的心，也是对他人真诚的一条捷径。

现在逢年过节，父母与亲孩子之间、岳父母、公婆和他人的孩子之间，都存在这个现象，表面上都挺尽礼数的，但缺乏背后的诚意，所以总是离圆满"不中"。

这种"诚"只有在极端事件出现时才被激发。比如"无辜小姐"家的问题就是因为一个事件得以解决的。婆婆得了重大疾病，亲情、赤诚、内心的悲悯被激发，然后，一家人就有了一家人的样子，彼此再无罅隙。

每次看着一地鸡毛的家庭回暖、升温，都热泪盈眶。人人都渴望家和万事兴，可是想真正做到却很难。现在市面上有各种沟通术和技巧，也有作用，但如果没有"如保赤子"一样的诚，好像只是管用一下子,过不久又会有新的问题出现。

再来说个我"讨好"婆婆的故事。

婆婆的女儿从国外快递了好多保健品给婆婆,买了好多品牌衣服,但是婆婆不仅不用,还抱怨她女儿乱花钱。

婆婆信佛,爱念经,我给她请了一本大字体带拼音的经书。我觉得南方湿冷,又给她买了个电热宝。每次她和我发微信,虽然内容上也不符合我的口味,但我会认真地看,和她互动。

可是婆婆给女儿发微信,从来都得不到回应。

婆婆特别依恋我,说我是她的贴心小棉袄。

你看,诚不仅好用,还省钱。

既往不咎，泛若不系之舟

假如告诉你，有这样一个女人，别人家的孩子离婚了，她却气病了。你信吗？

真有。就发生在身边。

平时处得不错的邻居来找我唠嗑，说她侄子离婚了，这孩子对待婚姻的态度太草率了，闪婚闪离，弄得亲戚朋友都跟着丢人。当初结婚家里拦着，他非结；现在离婚家里还拦着，他非离。"要我看，这婚根本就不该离啊，现在年轻人太不理性了！这要是我的孩子，我就把他扫地出门！"

一连好几天，她提起来自己的侄子就恨得牙痒痒，真就气出了肠胃疾病！还非得要我发表意见。

如何回答才既迎合她又帮助她从这种气恼的情绪中解脱呢？我想了想，然后说了四个字：既往不咎。

"既往不咎"也出自《论语》。

哀公问社于宰我。宰我对曰："夏后氏以松，殷人以柏，周人以栗，曰使民战栗。"子闻之，曰："成事不说，遂事不谏，既往不咎。"（《论语·八佾》）

"社"在古代是拜土神的一种礼。宰我是孔子的一个得意弟子。鲁哀公问宰我拜土神要用什么树木的事宜。宰我回答说：夏代人用松木，殷代人用柏木，周代人用栗木，目的是使百姓战战栗栗。"使民战栗"是宰我自己加的，也就是他自己发挥的。孔子听了这事后，对宰我说："已经做了的事就不要多说了，已经完成的事不要进行规劝了，过去的事就不要再追究了。"既然如此，宰我再加一句"使民战栗"是没有意义的，也没有必要，纯属他个人用心用多了，用偏了。

因此"既往不咎"挺好的，既然已经过去的事情，再发表所谓高见，于事无补，徒增烦恼，不能改变什么。比如邻居的侄子，婚已经离了，已成定局，就没必要再说他当时怎么结的、怎么离的，懊悔、事后诸葛亮，这些都没什么意义了。她每说一次，就加剧一次她的情绪，加重对侄子的偏见和内心的不平。每说一次，伤害就加深一层。

我们好多人都特别爱吃"后悔药"，总是悔不该当初。可是，木已成舟，人生不能搞历史假设，悔恨当初的选择，除了让自己更加烦恼，带不来任何益处。

当我这样解释时，有人疑问：不是有"吾日三省吾身"之说吗？每天都要反省，反省不就是说对已经发生的过往"咎"了吗？

吾日三省吾身是对自己的，而不是用来要求和指点别人的。这是孔子的本意。

可现实中，我们学来的东西，通常都用来对别人进行道德评判了,根本没有用来自省。

其实最初读这段话时,我也有一个疑问,"既往不咎"我能理解,但对"成事不说,遂事不谏"有疑问:对于已经做完的事,不是应该成功的总结经验,失败的吸取教训吗?

经过进一步的思考,我也找到了答案,其实"成事不说,遂事不谏"主要是针对人们的骄慢和嗔恨之心的。已经做完的事,成了的你总说,人就容易升起骄慢之心,觉得自己挺了不起的;而办砸了的失败了的事你总说,对方就会对你升起怨恨之情,觉得你故意嘲笑他,看他的笑话。因此,"成事不说,遂事不谏,既往不咎"并不影响我们对往事"复盘"。

总之,孔子教训宰我的这三句话,为后世确立了一个对待过去错误或失败的原则,那就是"既往不咎",这一认知对我们特别有利。

比如很多伴侣的分崩离析往往起因于一件平凡的小事,可是因为我们不懂得"既往不咎",拿着鸡毛当令箭,因为一件小事而扯出许多陈芝麻烂谷子的事,于是起火的那件小事性质就发生了转变,从错误升级为事件。

其实,"既往不咎"就是一种归零心态。居家过日子,生活上,不东拉西扯,不放大眼前的小事,才能去除干扰,用简单的心态来解决当下的问题。出门打拼,懂得归零,不纠缠于过去的错误和失败,才能放下包袱,轻装上阵,以轻松的心态面对未来。有归零心态,才能"泛若不系之舟"。

当然,归零心态是一种积极乐观的心态,它并不是说让你变成懒汉，自甘堕落：反正既往不咎，我以前犯的错一笔勾销，没有什么可忏悔的，也不用想怎么改进。而是说我们应该更积极地行动，比如邻居侄子离婚的事情，作为亲人不要再因为他过去婚姻上的糊涂而数落他，而应该帮他好好规划一下未来，吸取教训，珍惜当下，迎接新生活。

唯其如此，才能"凡所过往，皆为序章"，凡所经历，皆是宝藏。

里仁为美，住在哪里都能自洽圆满

生活远比电视剧精彩，只有你想不到，没有发生不了。

夏天最热的那几天，古齐国今淄博的一位好友，托我给她买药，说她得了头疼病。

何至于此呢？她是一所重点中学的优秀教师，难道是被孩子们给气的？

她说不是，纯属被自家娃愁的，儿子太调皮了，为了给孩子一个好的成长环境，她已经换了好几套房子了，一直在买房卖房，再买房再卖房。

我说这和买房换房有什么关系呢？

她说你难道不知道"孟母三迁"的故事吗？连孔子也说过"里仁为美"，要住在仁爱的地方，为了给孩子提供好的、充满仁爱气氛的成长环境，她不停换房。可是每换到一个住处，总有坏孩子和坏邻居令她担忧，所以她就不停地寻找。

我问她，你是怎样理解"里仁为美"的呢？她对我这个问题非常不屑，说她为了培养儿子，还参加了专门的国学培训班，对《论语》都会背了，"里仁为美"很简单啊，就是和仁爱的人做邻居啊。

我说好像不是这么回事。她坚定地说："这方面我都成半个行家了,就是这回事。老话也说,'千金置宅,万金买邻',不都是为了孩子嘛,所以要择仁人、仁地、仁邻居啊。"

确实学了不少,懂的挺多。

为了佐证自己的观点,她还举例子说,和她玩的一帮孩子的妈妈,都和她一样,大家为了寻找仁邻居、仁小区,不停地换房子,还搞团购。

因缘至此,那我们就好好探一探"里仁为美"吧。

子曰:"里仁为美,择不处仁,焉得知?"(《论语·里仁》)

通常人们把"里"解释为乡里、邻里,还有的把"里"理解为居住,作动词用。我们还是换一种解释供大家体会,把"里"理解为与"表"相对的内里,也就是我们的心。内心怀有仁爱为美。除此之外,所有不选择让内心充满仁的状态就是"不处仁"。"知"在这里是通假字,通"智","焉得知"就是怎么能得到智慧呢,怎么能到达智的境界呢?

在这样分解之后,这句话可以翻译为:内心充满仁爱的状态是美好的,如果不选择让仁充满内心,怎么可能达到智慧的境地呢?

所以,关键还在我们的心。你有一颗仁爱喜乐的心,你就是最好的"邻",就是最好的家,就能给孩子最好的生长环境。我们这个时代,社会制度和小区管理各方面都已经较完善了,基本上不存在什么恶邻之类。倘若因为邻居家的猫猫狗狗,或孩子之间打了一次小架,就不停地搬家,这真的有点儿荒唐。

有关教育的内卷，还有更极端的现象，我听说过，还有一些家长一直不遗余力地想要搬进高档社区，他们认为高档社区的家长有素质，教育出来的孩子也更优秀，与他们为邻，自己孩子也会"近朱者赤"。

这些深陷教育焦虑的家长的做法，值得商榷。想为孩子提供好的环境，根本还在于内在的"仁"，如果自己能做到"里仁为美"，即使是不太如意的环境，孩子也可以健康成长。下面这位妈妈简直是教育内卷风潮中的一股"清流"。

她是我的一位茶友，深知0~5岁是孩子各种能力发育的关键期，为了给孩子提供好的早期教养，她放弃了外企高管的工作，陪孩子读绘本，孩子教育得非常好。可是教育得这么好的孩子，也遇到了意想不到的困惑。有一次小朋友一起玩车车游戏，有的孩子把车子随便乱放，她的儿子遵守规则，就把其他小朋友乱放的车车搬到一边，可是别的孩子却因此而打他。

这时候，孩子的妈妈没有生气，也没有搬家。她觉得应该让更多的孩子从小树立规则意识，于是她就在给自己家的孩子伴读的时候，也让别的孩子的妈妈带着宝宝参与进来，大家一起读，孩子们一起学习。整个社区因为她的"里仁为美"而风气一新。

这样的妈妈堪称"仁"的楷模，她没有因为孩子被邻居家的孩子打而生气，更没有搬家，反而以德报怨，主动扛起了教育的责任，这样的善举，是平凡中的伟大，是亲子教育的榜样。

因此，里仁为美，不是卯足劲寻找仁的邻居，换房子，跻身高档社区，而是让自己的内心充满仁爱，做个"双商"在线的家长，营造健康的家庭氛围和居住环境。

借此机会，我也回答一下另一位年轻妈妈的困惑。去年冬天她问我这个问题，我一时没有给出自己满意的答案，现在可以了。

这位妈妈的问题是："我的孩子也很有教养，我们从小教育他要做个绅士的男子，不要和小朋友抢玩具，抢好吃的。可是我发现，我的孩子太有礼貌了，有好吃的，别的孩子一哄而上，我儿子经常吃不到。后来我就告诉孩子也抢吧。"

如果出现这种情况，首先家长不用惊慌，即使在学校吃不到好吃的，孩子也不会出现营养不良的结果，"补给"的渠道有很多，孩子照样可以茁壮成长。

其次，可以把这种现象及时反映给幼儿园的老师或领导，建议他们加强和改善管理。这位妈妈因为一时心理不平衡而让孩子一起抢食，无异于陷入劣币驱逐良币的怪圈。

总之，如果你"择不处仁"，不将自己内心的"里仁"作为着力点来反思、调整，你就会做出无数种荒唐的、劳民伤财却于事无补的行为。那结局必然是"焉得智"：离智慧越来越远，麻烦也会越来越多。

道理已经说得很清楚了，例子也活生生的，选择"里仁为美"还是"择不处仁"呢？好好思量权衡哦。

"德不孤,必有邻",不以自己为标准

《论语》中很多短句,比如前文提到的"里仁为美",还有本篇要说的"德不孤,必有邻"。而且我们发现,越是这些短小的句子越容易被我们不当回事、误解、矮化。

子曰:"德不孤,必有邻。"(《论语·里仁》)

这句话的知名度很高,很多城市的宣传栏上都写着"德不孤,必有邻",我们老家高铁站的文旅宣传广告牌上也常年这样写着。来来回回看了无数次了,这句话怎么理解呢?就是有道德的人是不会孤独的,一定有志同道合的人来和他亲近。"好客山东"的旅游品牌形象就是由此而来的吧。

我自以为对这句话的含义烂熟于心,而且今年还结合自己的生活学以致用发挥了一下。因为和个别人走得太近,没有把握好距离,接二连三出了麻烦,所以我今年和好朋四邻都比较疏离。加之新冠肺炎疫情期间也没出去旅行,所以,清静是清静了,但又多了些孤独感。于是我就用这句话来安慰自己:虽然我的道德和圣人、君子没法比,但在人群中还算是比较不错的吧。既然"德不孤",我各方

面再提高一下，心再大点儿，成熟一点儿，一定会有好多好邻居、好朋友来和我玩。

可是，当我在老师的提醒下认真地研究了"孤"和"邻"字的古义后，对这句话的理解变得不一样起来，我坚信这样理解更意味深长。

《说文解字》："孤，无父也。从子、瓜声。"本义指幼年死去父亲或父母双亡，引申指"单独"。既如此，那"德不孤"就可以理解为道德不是唯一的。这就暗含着不能以自己的标准要求世界整齐划一，不强求大家都认同我的道德标准，亲附我。

"邻"字更有意思，一提到"邻"，我们往往会想到"比邻"，其实"比"和"邻"是两个不同的词。《说文解字》："比，密也。""比"是并排，挨得很紧。"小人比而不周"中的"比"也是这个意思。"邻"（繁体为"鄰"）字始见于战国文字，古字形从邑（后写作阝）、粦声。本义是古代的一种居民组织，有说五家为邻，有说八家为邻，有说四家为邻。总之，我们可以理解为方位上的一种相近关系，有聚合、聚拢之意。既如此，那"必有邻"就是能融入、接纳相邻之人。

因此，这整句话的意思可以理解为，道德上不止我这一个是对的，连周围甚至对立面都在我的包容范围之内。也就是说，我们的德是多元的，而不是单一的，我们所追求的是一种百花齐放，允许事物多样化的状态，承认矛盾的对立统一，并不要求大家都来认同我、以我为中心、亲附和依附于我。

这样理解"德不孤，必有邻"，对很多事物的认知就突然变得不一样了，看世界的眼光也变了。比如，我先前听到台湾某名人的国学课，觉得他对"巧言令色"的解释非常离谱，非常看不惯。可是现在，突然不反感了，他那样讲有他那样讲的道理，根据他的情况，他只能那样讲，且也讲得通。也没什么，求同存异嘛。这样一想，心里全是欢喜和友善。

正当我为自己的改变而欢呼时，电话响了，一个女朋友向我吐槽另一个女朋友做妈妈不合格，重男轻女，心太狠。

我有点儿不解，我对她吐槽的这个人还算是了解的，事业和人品都还不错。于是就问怎么回事。

朋友说，这个暑假，那个女朋友忙得顾不过来，就把大女儿送到老家由父母看着读职高。而小儿子聪明，就留在身边，天天发微信朋友圈各种晒，明摆着就是重男轻女嘛！

我觉得这也没啥呀，能完全一碗水端平的父母哪里有啊？再说，各家有各家的情况，各人有各人的情况，她那么做一定有她那么做的理由和为难之处吧。朋友不赞同，说："我就是看不惯她这种做法，换作我，我肯定不会这么做。"

也就是说，她认为自己做妈妈比另一个要优秀，自己道德层次更高。

其实，这恰恰是她"德孤"的表现啊：以自我为中心，站在自己的立场上评价别人，以自己的标准来衡量别人。只要你对别人的言行产生不服的、敌对的、不平的情绪，肯定自己的同时否定别人，就是"德孤"。

也许是自己改变认知后受益太多了,所以强烈建议大家重新认识"德不孤,必有邻"。如果不能好好理解"德不孤,必有邻",真的很难做到求同存异,做不到求同存异,就很难开心,很难幸福,就像罗素先生在他的《幸福之路》一书中的观点:须知参差多态,乃是幸福的本源。把世界当成一个大花园来包容、欣赏,才可以怡情养性,否则,总有碍眼扎心的东西,就会不爽,就无法幸福啊。

《论语》中的理财观:"生财有大道"

近几年的全球发展态势,让更多的人看清了寅吃卯粮的弊端,开始厉行节约,学习理财。其实,《大学》中有很多关于理财的知识,而且是理财之大道。比如《大学》第十一章。

生财有大道,生之者众,食之者寡,为之者疾,用之者舒,则财恒足矣。仁者以财发身,不仁者以身发财。未有上好仁而下不好义者也,未有好义其事不终者也,未有府库财非其财者也。孟献子曰:"畜马乘不察于鸡豚,伐冰之家不畜牛羊;百乘之家不畜聚敛之臣。与其有聚敛之臣,宁有盗臣。"此谓国不以利为利,以义为利也。长国家而务财用者,必自小人矣。彼为善之,小人之使为国家,灾害并至,虽有善者,亦无如之何矣!此谓国不以利为利,以义为利也。

这段话,各行各业、各种身份的人都应该精读,它可以支撑所有人的财富人生。因为它说的是大道、正道,而不是旁门左道。

"月光族"应该学习"生之者众，食之者寡，为之者疾，用之者舒，则财恒足矣"

很多人热衷于提前消费，比如喜欢信用卡和各种信贷工具的"月光族""败家子"。这些人可以好好学习"生之者众，食之者寡，为之者疾，用之者舒，则财恒足矣"。为什么呢？我们先来学习一下这句话的含义。

"疾"是快的意思，"舒"是舒缓的意思。

这句话的意思是说：生产财富的人多，享用财富的人少。挣钱的人要加快速度，花钱的人要节俭，那么国家财富就会恒久富足。

"月光族"喜欢透支消费，寅吃卯粮，完全是站在了这句话的对立面，他们是"生之者寡，食之者众，为之者舒，用之者疾"。故而，永远入不敷出，则财恒缺矣。

"过劳族"应该学习"仁者以财发身，不仁者以身发财"

那些长期过劳，发不义之财的人应该好好学习"仁者以财发身，不仁者以身发财"。

"以财发身"，就是散财以提高自身的德行。"以身发财"，就是不惜以生命为代价去聚敛财物。

没有任何一份工作值得你豁出性命去维系，凡是需要透支健康来保有的工作都不足惜，比如那些需要靠喝大酒来获取订单的工作，价值真的没有那么大。

而那些昧着良心赚钱，发不义之财的人更应该早日金盆洗手、回头是岸。因为这种致富方法不是大道，不是正道，而是旁门左道，是不义之财。这样得来的财富不会滋养身心，而会令你惴惴不安，长期消耗你的能量。

公司老板应该学习"未有上好仁而下不好义者也"

公司老板们应该好好搞清楚"未有上好仁而下不好义者也，未有好义其事不终者也，未有府库财非其财者也"。

这里的"终"是成全、善始善终的意思。这句话的意思是：从来没有在上位的人喜好仁德，而在下位的人不喜好忠义的；也没有喜好忠义而做事会半途而废的；也不会出现国库的钱财不属于国君这样的事（国家都是您的，您要那么多钱干什么呢）。

这句话不仅适用于君王，也适用于公司的老板，他们就是公司的"君王"啊。老板应该好仁，因为老板好仁，员工才能好义，员工好义才能做事认真善始善终，这样整个公司才能发展平稳，有好的发展趋向。整个公司都是老板的，你和员工斤斤计较利益有什么意思呢？

装穷的人应该学习"百乘之家不畜聚敛之臣"

那些明明家底殷实却故意装穷的人应该好好思考一下:"畜马乘不察于鸡豚;伐冰之家不畜牛羊;百乘之家不畜聚敛之臣。与其有聚敛之臣,宁有盗臣。"这段话是什么意思呢?

这句话是孟献子说的。孟献子是鲁国的贤大夫。"畜",是畜养。四马一车为乘,古时为大夫的君赐之车。"畜马乘",是士初为大夫者待遇,就是刚刚升任为大夫的士人,他们可以有四匹马拉的车。"察",是料理的意思。"伐",是凿而取之。"伐冰之家"是卿大夫以上丧祭得用冰者。"百乘之家"是诸侯之卿有采地十里,可出兵车百辆的。

孟献子这段话可以翻译为:"有四匹马拉车的士大夫之家,就不该再去计较喂鸡养猪的小利;祭祀用冰的卿大夫家,就不要再养牛羊牟利;拥有百辆兵车的诸侯之家,就不要用搜刮民财的家臣。与其有搜刮民财的家臣,不如有偷盗自家府库的家臣。"

孟献子说这番话的目的是为了劝告君王不应该与民争利,应当保障不同层次的人都有饭吃、有衣穿,都能过与自己能力、财力匹配的日子。具体到个人身上,那就是有较高身份地位,掌握更高知识和技能的人不应该与比自己层次低的人争利,要给他们留有出路。比如,一个开豪车的老板不应该因为送快递小哥挡了他的道而对其进行辱骂甚至大打出手,不依不饶;已经发财致富的人不应该为了和兄弟争夺父母那点遗产而故意装穷;年薪百万的高管不应该因为闲极无聊而去与网约车司机抢单……社会底层的人由于自身缺乏条件、知识、技术、资源、人脉、资金等，获取生存资料的渠道很窄，如果把他们这一点点获利的渠道也倾轧了，就会使他们生活更加窘迫。

与底层人民争利的人，甚至不如盗贼高尚，因为盗亦有道，而明明很富裕的人还拼命聚敛财富，那纯属贪婪了。贪婪是一种毁灭性的力量。

所有爱财的人都该知晓"小人之使为国家，灾害并至"

所有财迷心窍的人，都应该好好思考"长国家而务财用者，必自小人矣。彼为善之，小人之使为国家，灾害并至，虽有善者，亦无如之何矣！此谓国不以利为利，以义为利也"这句话。

"长国家"意为成为国家之长，也就是君王。"务"是一心专一地去做这件事情，一心治理。"财用"就是财富，为了国家强盛而一心致力于聚敛财富的人。"必自小人矣"就是必定来自于小人，也就是说这必然是有小人在诱导。"彼为善之"，"彼"就是"他"的意思，他还以为这是好事。

"小人之使为国家，灾害并至"，使用这些聚敛财富的小人为国家做事情，天灾人祸必定会一起降临。"虽有善者，亦无如之何矣"，当天灾人祸一起降临，虽然有贤能的人，也没有办法挽救了。"此谓国不以利为利，以义为利也"，这就是说一个国家的国君、大臣不应该把聚敛财富当作第一，应该把道义当作第一。

总之，这一段讲的就是我们要如何看待财富，其实不光是一个国家是如此，我们一个小家族、小家庭、个人也同样如此。尤其是现在这个社会，很多人为了挣钱不择手段，唯利是图，把善良和道义踩在脚下，把身体健康弃之一旁。这都是偏离道义的行为。现在既然我们学习了《大学》里如此宏阔的财富观，就应该引以为戒。求财，也莫忘"以善为宝""以义为利"。

孔子嫁女儿的事,能解决你的人事

子谓公冶长:"可妻也。虽在缧绁之中,非其罪也。"以其子妻之。

子谓南容:"邦有道,不废;邦无道,免于刑戮。"以其兄之子妻之。(《论语·公冶长》)

孔子谈到公冶长时说:"可以把女儿嫁给他。虽然他曾坐过牢,但不是他的罪过。"便把自己的女儿嫁给了他。

孔子评论南容时说:"国家政治清明时,他不会被罢免;国家政治黑暗时,他也可免于刑罚。"就把自己兄长的女儿嫁给了他。

当我重读以上两段文章时,刚好朋友要求我分享给他两句和生活密切关联的《论语》金句,于是我就顺手把这两段用微信转发给他。

他说:"你是不是发错了?我要的是和我生活密切相关的,可是你发的这些内容是孔子嫁女儿、嫁侄女的事啊,和我有什么关系呢?"

我说:"这两段表面上看是孔子择婿的事,根本上是怎么看人的问题,是看一时的处境,还是看处境和表象背后的东西。非常适合你处理现在倍感棘手的事。"

他还是觉得我理解得太牵强,然后我就问他:"虎毒不食子,人们都疼爱自己的孩子,都会把自己的孩子、亲人托付给信得过的人。现在孔子把自己的女儿和侄女分别托付给公冶长和南容,说明他们是值得托付一生的人。这难道对我们识人相人择人没有指导意义吗?"

他完全赞同,说通过我这么一提醒,他一下子就把这两段话和自己的生活搭上了线,建立了连接,不再仅仅认为这是孔子的家事了,而且对自己的工作很有帮助!

这也是位儒学发烧友,难得有共同语言,于是我们就一起深入探讨了这两段话的深意。

先看第一段,在古代,缧绁是很重的罪,公冶长因为能听懂鸟叫,而为自己惹来了大祸,被关进大牢。但是孔子很了解公冶长的人品,所以尽管他获罪被关进大牢,孔子仍然不会改变对他的评价和信任,因为孔子是圣人,他看得通透,不以表象来判断,而是看本质。最终,孔子还是把自己的女儿嫁给他,可见他对公冶长的肯定和支持。

这对我们有什么启发呢?我们在与人交往的过程中,也要注重本质,不要被表象迷惑。我们要亲近善友,而不是亲近善言。善友就是为人正直、真心为你好的朋友,而善言,就是好听的话,说好听的话的人未必是善友,有些善友对你严厉,说话重一点儿,其实不要紧,不要因此而生气远离他们,因为那将是你的损失啊。

再看第二段,"不废"就是被重用,说明南容这个人在国家有道时，会被重用；国家无道处于乱局时，能够独善其身，不被时风所裹挟，能够免于刑戮。这对我们识人很重要，有的人顺境时可以，逆境时就不行了。这里我们还可以联想一下"独善其身"这个词，其实独善其身并不是自私自利，而是不做无谓的牺牲，要爱惜自己的人身，因为人身难得，"留得青山在，不怕没柴烧"，保存好实力，不愁没有施展抱负的机会，这是非常中正可取的行为。

通过和朋友的分享，我自己也有额外的收获，就是我先前苦苦思考一直无法理解的另一句《论语》句子，突然有了眉目。

那句话出自《论语·雍也》。

宰我问曰："仁者，虽告之曰'井有仁焉'，其从之也？"子曰："何为其然也？君子可逝也，不可陷也；可欺也，不可罔也。"

对此句，语言学家杨伯峻先生是这样翻译的。

宰我问道："有仁德的人，就是告诉他，'井里掉下一位仁人啦'，他是不是会跟着下去呢？"孔子道："为什么你要这样做呢？君子可以叫他远远走开不再回来，却不可以陷害他；可以欺骗他，却不可以愚弄他。"

坦白而言，我真的无法从这样的译文中收获什么，逻辑不清晰，不知所云。我试图从网络上获取更多的提示，却看到了很多对孔子的负评甚至抨击之声，比如有人毫不客气地质问："孔子的回答似乎不那么令人信服。他认为下井救人是不必要的，只要到井边寻找救人之法就可以了。这就为君子不诚心救人找到了这样一个借口。这恐怕与他一贯倡导的'见义不为非君子'的观点是截然相反的了。"

持有该观点的人认为孔子见死不救、假惺惺。

不是说权威就不容挑战，但我还是相信这应该不是孔子的初心，不是经典的本义。我试图找到更合理通畅的理解，却一直失败。现在，通过透彻地理解孔子对南容的判断后，我突然有了灵感。原来，孔子之所以发出"何为其然也"的反问，不主张"从之也"，和落井的仁者一起死去，其实不就是赞赏"邦无道，免于刑戮"吗？因为有智慧，他可以识别真假，可以妥善地保护自己不做无谓的冒险和牺牲，因为君子有智慧，比常人要明白得多，能看透问题的本质，不那么容易被蒙蔽，所以他才强调"君子可逝也，不可陷也；可欺也，不可罔也"。那假如我们还特别容易被小人和假象所蒙蔽，说明我们还不是真正的仁者，因为智慧不够啊，不会识人识相。可是，我们却以无名"小人"的认知去批判"君子""圣人"，多少有点不应该啊。

所以，经典和经典之间是可以融会贯通的，我们真的不能轻率地怀疑圣人的智慧，应该慎思、博学、善用。

第四篇

百善孝为先——《论语》中的孝道

百善孝为先，唯父母疾之忧就是"孝"

"百善孝为先"，孝是我们做人之本，身体发肤受之父母，苏辙也曾说：慈孝之心，人皆有之。

可是什么是孝？"孝"的真谛究竟是什么？

对孝道真谛的深入研读缘起于刚读一年级的小侄女的故事。

自从八十五岁的老父亲通过微信视频看到了千里之外的我，每个周末我们都要视频一下子。

上周末，微信视频接通后，父亲抢着接手机，急不可待地给我讲了侄女和他的故事。

有一天，父亲刚推着三轮车进家，七岁的侄女就抓着他的手急切又略带嗔怪地问："爷爷你去哪里了？你知道吗，你可把我吓坏了，我到家哪里都找不到你，就怕你走丢了或者摔倒了，我赶紧让我爸爸给你打电话……"

因为静脉曲张，父亲行动已经很不方便，但他还是信奉生命在于运动，所以每天都坚持骑着老式三轮车活动活动，有一天我侄女幼儿园放学回家看不到爷爷，很是担心，于是就上演了这么一幕。

父亲说这个故事时，眼角湿润了，其实，他是被孙女儿对他的紧张和关爱感动到了。

而我，也被父亲和侄女这一老一小的故事触动了。

父亲为什么急于表达这个故事呢？

因为他干涸多年的"储爱巢"被孙女关切的软言柔语猛然间给充盈了，陡然升起莫大的发现：哦，我又老又衰，竟还有人对我如此关切，而关切我的人，还是个稚子。

侄女比我小很多岁，可是，在尽孝上，我却小侄女很多岁。在无限的羞愧之情推动下，我重新阅读了《论语》中有关孝的篇章，其中感受最深的，当属下面这句。

孟武伯问孝。子曰："父母唯其疾之忧。"（《论语·为政》）

孟武伯向孔子请教孝道。孔子说："做爹娘的只是为孝子的疾病发愁。"

关于这句话的解释，学界历来争议比较大，说法不一，比如上面的译文就是杨伯峻先生的观点。但很多朋友和我的体验一样，感觉这样解释不太通顺，鉴于此，这里我们不妨大胆地作个开放性的探讨，从句式和顺序上，把原句调整为"唯父母疾之忧"。然后我们再简单了解一下"唯、疾、忧"这三个字的古意。

"唯"的甲骨文字形是小鸟开口鸣叫的样子，是答应、遵守、顺从的意思。

再来看"疾",它的甲骨文字形,从大(人),从矢,字形像人腋下中箭,很痛苦的样子,指的是父母身心的"苦恼",不单单是身体的疾病。"苦"对应身,"恼"对应心。

"忧",其实是心动的意思,对父母的苦恼有所触动和感受。

经过这样调整后,"唯父母疾之忧"就可以理解为,对父母身心的苦恼有敏锐的察觉,并且起心动念,要爱怜呵护他们。这样解释,是不是更通畅一些呢?

说到"父母唯其疾之忧",我想起了一件平凡的、发生在一对父女间的小事。

中秋节那天,一位女儿去看望她身体不好的父亲,带了礼物,又帮父亲收拾了一下房间,就急急忙忙要走。父亲叫住她,却欲言又止。女儿催促问:"爸您有事您快说呀,我还有急事呢。"父亲局促不安地说:"去年你给我买的秋裤还记得吗?再给我买一条吧。"女儿答应了,赶紧出门。父亲又叫住她说:"算了,别买了,我还不知道活到哪一天呢。"

这样的丧气话让女儿非常生气,她向我倾诉:"大过节的,老爷子说这话多不吉利?真气人!"

我听了也簌簌流下了眼泪。子女有子女的不容易,老人有老人的凄惨,谁都怨不得。假如她能了知老父亲的"疾",就不至于生气了。

父亲需要秋裤,又怕给子女添麻烦,老人家都有自卑感的,知道自己年老不中用,所以天然地自卑,底气不足,所以提要求时就显得吞吞吐吐。这种心理背景下，但凡子女有一丝一毫的不耐烦情绪，他们都能捕捉到，想想活着只是给子女添麻烦，可是死亡又好可怕……我明白那一刹那，父亲脑海里思绪万千。如果可以体察其"疾"，用柔软的语言哄哄他，欢天喜地地承诺他，就皆大欢喜了。

每当逢年过节，人就特别容易感怀，心也跟着柔软，说一些软绵绵的"情话"，比如"陪伴是最长情的告白"。可是，如果没有"唯其疾之忧"，恐怕陪伴不是长情，而是旷日持久的互虐、互伤。

在学习了《论语》中的孝道之后，下一次回家看望父母，在叩开家门之前，我们是不是也极有必要像孟武伯那样，问一问：何谓孝？

"孝",就是父母错了也听之任之吗

在孝敬父母这个问题上,有个特别突出的社会痛点:明明父母的主张就是错的,可是不听他们的,他们生气;如果听他们的,其实对他们并不利,相当于和他们一同犯错。这种情况下,该怎么办?

这个问题可以精简为:孝,就是对父母的主张惟命是从,听之任之吗?

《论语》还真有明确的回答。

孟懿子问孝。子曰:"无违。"

樊迟御,子告之曰:"孟孙问孝于我,我对曰,无违。"樊迟曰:"何谓也?"子曰:"生,事之以礼;死,葬之以礼,祭之以礼。"(《论语·为政》)

孟懿子向孔子问孝道。孔子说:"不要违背礼节。"不久,樊迟替孔子赶车子,孔子便告诉他说:"孟孙向我问孝道,我答复说,不要违背礼节。"樊迟道:"这是什么意思?"孔子说:"父母活着,依规定的礼节侍奉他们;死了,依规定的礼节安葬他们,祭祀他们。"

怎么理解这段话呢?很多朋友抓住"无违"这个关键词,根据自己的已知经验,"无"就是"没有、不","违"就是"违背",那"无违"就是"不违背、顺着"父母的意志,由着他们,他们想怎样就怎么样。

假如"孝""无违"就是依随父母的意志,那稍微想想我们身边父母的那些事,就解释不通了。

电视剧《热爱》中李双全的老母亲最大的爱好就是跑到小区促销的商家那里领免费的礼品。一天领七八趟,直到商家见了她都怕,见了她就逃跑。

朋友的父母都是高级知识分子,退休在家,最近竟然迷上了姜和蒜泥养生,朋友为此苦恼不堪。

而我的母亲,前几年也总是在凌晨三点起床去促销的场地排队领鸡蛋和几块钱一条的项链,还奉若珍宝地送给我。

……

诸如此类的苦恼,读者们有极大的概率将来会遇到。有一天,你们的父母会不可理喻,会固执到令你们无法容忍。而有朝一日,也许我们自身也会变得如此冥顽不灵。

这种情形下,父母的做法明明是错的,对他们的身体健康也极为不利,也要顺从他们吗?

显然不可以。那又该如何行"无违"呢?

这需要我们溯源一下"违"字的本义。"违"字从辵(chuò),

韦声。"韦"意为"二皮相背",引申为"二人相背"。"韦"本指攻城军围城,守城军守城。引申指"复合皮张",即异质的两张皮贴合,比如牛皮的里面和猪皮的里面相贴合,这时,两张皮的正面是相背的。故"韦"可以指"二皮相背"。"辶"与"韦"联合起来表示"二人背离",通俗一点讲就是不合拍,没想一块去,脑回路不一致,没在一条跑道上。

在对"违"字的本义有了透彻的理解后,我们就可以把"无违"理解为一种发端于怜悯心的柔软,对父母永保爱敬之心,柔软以待,放在本段中,就解释得通了,也就知道怎么做了。也就是说,对于父母的不合理的做法和要求,即使看不惯,也要善巧方便地说服,要行柔软的动作,不暴不戾。也就是孔子说的"礼"了,礼的本字是"豊"。"豊",甲骨文字形上部象征着许多打着绳结的玉串,下部有两说,一说是某种高脚的盘,类似于豆,古代用作祭器;盘中放着两串"玉",古代玉是贵重的物品,用玉敬神表示人对神的敬重。"豊"自然是在举行礼仪、敬神了。另一说是下面部分是"壴"字。"壴"是鼓的象形初文。古代举行祭祀仪式时,除了用贵重物品做祭品外,也必须得奏乐,而在先民们看来,物莫贵于玉,乐莫重于鼓,击鼓奏乐,捧玉奉献,无疑是最高、最神圣的仪式。无论我们采用哪一说,都意味着"礼"离不开发自内心的恭敬和敬畏。

再回到生活中,反观我们的做法,你会发现我们很少能对父母做到严格意义上的"礼"。我们不信他们那一套,看不惯他们的很多言行举止和处事方法,觉得他们落伍了,就像朱自清在《背影》中对父亲的看法一样,"总觉得他说话不够漂亮""我心里暗笑他的迂"。在此基础上,我们和父母的关系,总是因为看不惯、气不过、沟通失败而失去理智,免不得反驳他们,甚至言语不堪,大声呵斥,简单粗暴。

也许有人说:我一年到头在外面拼搏不容易,小家庭也经营不易,我哪有那么多耐心哄了孩子再哄老人啊?

对,这就要忍一下极端的情绪了。如何在不自伤的情况下忍?本文暂且说不了这么多,日后会有建议。但可以肯定的是,没有关键时候的忍,就没有柔软;没有柔软,就不可能"无违",只能相爱相杀。

"父母在,不远游",就是不让孩子出远门吗

有位网友在网上留言质疑我:你写过很多和《论语》和孝道有关的文章,也看得出你是个很有孝心的人。可是你却连最基本的孝道都不懂,因为孔子说"父母在,不远游",你作为孔子的老乡,却跑到千里之外,父母有个什么急事根本指不上你,你可真是太伪善了。

嗯,感谢他的评论,虽然不友好,但也是认真思考过的,属于思想的交流,"德不孤,必有邻"嘛。

他说的这句话出自《论语·里仁》。

子曰:"父母在,不远游,游必有方。"

所以呢,必须也"回敬"他一下。这位朋友断章取义了,他只摘了"父母在,不远游",却忽略了"游必有方"。断章取义是做学问和聊天的大忌。我们在引用别人说过的话时,要尽可能地保证语意圆满,以不影响完整的意思为底线。

接下来,我们可以好好探究一下这句话的含义。

理解这句话,必须透彻理解"方"字。这个字,我也费了好大劲,才弄明白。我看了很多人的解释,但总是如坠云雾,很多解释都不

够透彻，也说不通。有把"方"理解为方法的，也有理解为方向的，较为普遍的解释是父母在世的时候，不要去很远的地方工作和生活，不方便照顾父母。如果一定要出去的话，那也要有明确的方式方法，有明确的方向。

可是，如果是这样，无论古代还是现在，都解释不通啊。古代的时候有很多书生进京赶考，而现在地球都成"村"了，让孩子们为了父母而不出门，很不现实。

所以，这句话，这个问题，成了我的一个心病。

我又从文字的本意上入手，有人说"方"的本义是放逐，剔发披枷，流放边疆。后引申为边塞、边境。由边塞、边境引申为与中央相对的、各具特色的小行政区域。由边、侧引申为正四边形，正四边形边乘边所得的平面面积。根据这样的解释，我就想到是不是说"游必有方"就是要有自己的居所和地盘，有自己的一方天地呢？这样就可以接父母过来，方便老人养老。比如我的父母腿脚不好，我无法把父母接过来居住，因为我住的房子没有电梯，假如我有栋别墅，有了自己的"一方天地"，就可以把他们接过来养老了。

我还查阅到于省吾主编的《甲骨文字诂林》"方"字条后姚孝遂按语："按：《说文》：'方，并船也，象两舟总头形。'徐中舒以为象耒形，独具卓识。"徐中舒《耒耜考》："（方）象耒的形制，尤为完备，故方当训为'一番土谓之坡'，之坡，初无方圆之意。（古匚即方圆字）方之象耒，上短横象柄首横木，下长横即足所蹈履处，旁两短画或即饰文。"

综合以上种种我初步认定"方"就是自己的一方天地，有好的事业，有好的住处，有了这些物质条件将来能更好地孝顺父母。这样理解，在现世的时空内，勉强能说得过去。

但我还是不放心，专门就这个问题请教老师。

老师表扬了我，说我能对"方"字感到格外重要，说明已经有了一定的知识敏感度。然后说了她的理解。

老师说，"方"确实和"舟"有关，比如有诺亚方舟，方舟是有出处的："天子造舟，诸侯维舟，大夫方舟，士特舟，庶人乘泭。"（《尔雅》）这句话的意思是说：天子把船并列铺上木板做成浮桥渡河，诸侯维连四船渡河，大夫并排两船渡河，士子用一船渡河，庶人乘竹木筏渡河。

不同的舟对应不同身份的人，那"方"对应的是大夫。天子、诸侯和大夫都是贤人。"游必有方"，也就是你出游的目的应该是成为贤人，而且也必须具有一定的道德基础，就是你必须懂得礼了才可以走出去。

老师问我："在古代人们出去都是干什么呢？"

我想了想，好像都是为了考功名成为贤人，治理社会，当然受挫了后也会翩然引去。再联想《三字经》里的"子不教，父之过"。也就是说，古人是懂得了礼，有了一定的教养后，出去追逐梦想，做利国利民的大事。而不像前几年的我那样整天吆喝着"诗与远方"，到处漫无目的地游荡。

所以，"父母在，不远游"，根本不是不让孩子出门闯荡。哪有父母生了孩子就是为了禁足的？从常理上也说不过去呀。只是要带着梦想和使命感、责任心出去。

按照这一思路理解，我的心里就特别透亮了，对孔子的崇敬又到了一个新高度。而且内心里充满了真挚的忏悔和使命感，忏悔自己的离乡过于盲目，过于自私。

而老师，却完全做到了这一点，她的确就是个"游必有方"的人，她在澳洲留学时，第一节课上教授就说："你们中国的建筑教育很落后。"当时老师就暗下决心，一定要为国人争光，毕业时她拿奖拿到手软。而她学成归国，也是因为对中华文化情有独钟，看到了中国文化的张力和魅力，要好好学习并传递这种好，所以她投身于文保建筑设计，经营茶室，她的设计理念和茶室经营理念都散发着传统文化的智慧与馨香。

总之，对"父母在，不远游，游必有方"的重新认知又一次矫正了我的三观和做事的方式。

父母在有来路，父母不在仍有归属

"父母在，尚有来路，父母不在，只剩归途。"这句话近来挺火。那，你知道父母的年龄吗？

假如就这个问题作个专项调查，能答上来的应该不多。

这是一个令人惭愧的社会现象，我们熟悉自己的星座，在意自己的生日，对父母的年龄却不清楚，还以为这一切都很正常，没什么问题。

真的没问题吗？

子曰："父母之年，不可不知也。一则以喜，一则以惧。"（《论语·里仁》）

答案一目了然：不知道父母的年龄，实属不该。

看到这句话，朋友一个激灵，她说："哎呀，今年圣诞节我们不能一起聚餐啦，我要回东北给我爸过八十大寿去！"

我就顺势问她是怎么理解这句话的。她答得挺顺溜的："孔子说：'父母的年龄，不可以不知道。一方面呢，是高兴父母还健在，另一方面呢，是害怕父母年事已高，世事无常，他们终将离开我们。'"

经过几年的学习,我已经爱上了对文字进行溯源,然后就从"父"字的本义和朋友一起分享。

"父"字最早出自甲骨文。大家可以找一下"父"的甲骨文字形,像右手持棒之形,有人解释说手里举着棍棒教子女守规矩的人即父亲。我觉得结合本句引文的上一句,也就是:"子曰:'三年无改于父之道,可谓孝矣。'"字形中父亲手里所持的这个"棒子",就是父亲的道、信仰、德行。据此,我们倾向于认为父亲是这个手持道德之棒令我们仰仗的人,是能荫护我们的人,这就是"父"的内涵。"三年无改于父之道",就是父亲离世后长时间内不能违逆父亲教育我们的道德和修养,要传承下去。这里的"三年",也非实指,不仅限于三年。

我们再说一下母亲的作用。父亲是仰仗,那母亲就是我们的依赖。

如此一贯通,这句话的意思就可以这么理解:父母的年龄,不可以不知道。一是欢喜他们还健在,二是恐惧我们可能不能再仰仗和依赖他们了。

朋友突然严肃起来,她说这样理解后,对父亲的感情,对自己的感觉,都完全不一样了,深邃又立体。继而,她的眼睛湿润了,说过几天回去除了给父亲过生日,还要好好和父亲谈谈心,倾听父亲的青春和志向,向父亲汇报一下自己的发展与成长,请父亲给予指导。

现在，再联想到网上风行的"父母在，尚有来路，父母不在，只剩归途"，两相比较，"父母之年，不可不知也，一则以喜，一则以惧"更为丰盈饱满。前者听起来很诗意，但很泛化，停留在感觉层面，没有具体指向和方法。

那现在，我们理解了这句话后，又该做什么呢？

我们顺应原句的结构，也分两个方面说。

"一则以喜"，多一份知足

"一则以喜"时你该做什么呢？应该多一份知足之心。

父母最喜欢看到的是我们安然无恙，父母存在本身就是人生的确幸与财富。

春天的时候，父亲住了半年的院，哥哥姐姐心力交瘁，我也焦虑悲观不已。当我和朋友倾诉自己的痛苦时，朋友只说了一句话就让我安静下来了，她说："多羡慕你呀，父母还在。我的父母半年内都没了，我成了无父无母的孩子。"一句话听得我泪崩，同情朋友，也庆幸自己还在父母身边。

回想之前，每年春节都煞有介事回家看望父母，有时候赶上春运，难免会觉得麻烦，可是现在，受朋友的启发，我在内心进行假设：假如有一天父母不在了，不用我舟车劳顿去看望了，不念叨着我回去了，我真的会释然吗？我感受到一股锥心的刺痛。也许父母脾气不好，不听话，身体不好，但他们的存在本身就是我们的仰仗和依赖。这是我们拥有的最大的财富了。这样一想，即使你对自己的生活不满意，只要你还有父母陪伴，那就应该多一些知足。

"一则以惧"，多一点陪伴

一则以惧时我们又该怎么办呢？是啊，想到之后的某一天，我们就会没了父亲可以仰仗，没了母亲可以依赖，我们现在更应该好好地爱与陪伴，满足他们的愿望。当然，要按照他们喜欢和需要的方式满足他们。比如，一个爱旅游的女孩觉得走遍全球超级酷，就带着父母去旅游，可是她的父母一点儿都不喜欢旅游；结果是她"劳民伤财"带着父母走遍亚洲，父母气得够呛，她也很伤心。这就不好了。

还有，要为父母离开后如何"三年无改于父之道"做好准备。比如我的公公是个高度自律的中医，已经去世几年了，每逢我懒惰的时候，我都会想起公公生前有个习惯，每年除夕夜，他都会守岁，写上一夜的文章，总结一年以来自己的医术有何进步，并且给每一个子女写下新年寄语。老人家这种对工作的严谨非常值得我学习和传承，包括这本书的产生，也有这份精神的激励，我要向世界传递温暖的声音和正能量。而我的母亲一直勤俭持家，可我却爱乱花钱，过日子没计划。当我写到这里的时候，突然意识到自己的错误，恰好又读到《墨子》："其为衣裘何以为？冬以圉寒，夏以圉暑。"所以，我决定做出改变，做个勤俭持家的人。

总觉得比父母高明，就做不到"敬"

作为子女，尤其是在外工作的子女，每当回到家里，总会包个红包给父母，以示对父母的孝意。

我也如此，无论节日还是平时，只要回到父母身边，我都会给父母点儿小钱，妈妈会接着，然后和爸爸分一分。老人家各有各的小算盘：爸爸会攒起来，到过年时分给他的弟弟；妈妈会攒起来，到过年时分给她的侄子。我觉得这很好玩。作为一个特别热爱生活的人，我热爱这些生活中零碎、温宜的小细节。

可我最近突然发现一个问题，就是这一年多，每当我掏点儿小钱给父母时，他们总是不约而同地说："不要，我们花不着钱。"

他们一再拒绝，我也就收了手。

我想了想，也确实，饭有人给他们做，一切医疗开销哥哥姐姐们也都管着，他们是花不着钱。

我甚至为他们高兴，衣食无忧的人才花不着钱，像我们年轻人，钱都不够花的；我甚至为自己庆幸，又少了些许开销，可以节约下来买点儿心头好。

可是，当我读到《论语》中"子游问孝"那一章节时，再想想父母那句"我们花不着钱"，我竟然惭愧得潸然泪下。

子游问孝。子曰:"今之孝者,是谓能养。至于犬马,皆能有养。不敬,何以别乎?"(《论语·为政》)

通过对这段话的学习,我惭愧以前总以为把父母照料得很好了。他们不愁吃穿,住得很好,我就心安理得,觉得父母理应知足了。可是,如果没有"敬","孝"是根本不成立的。也就是说,能养,不敬,非孝。

能养,不敬,非孝

这么说的依据是什么呢?

首先来看什么是"敬"。

"敬"最早见于西周金文,字形的左偏旁是"苟",从羊从口,口藏于羊(真善美)内。另根据《礼·曲礼》:羊曰柔毛。因此,"苟"有语言柔软之意。右偏旁是"攴"(汉代演变为"文"),"文"是呈现出来的现象、纹理,是一种状态。可现实中,我们对父母,是居高临下的姿态,因为人的生命曲线是一条抛物线,就当下的时间来说,我们年青少壮,父母风烛残年;我们处于曲线的高位,父母却已经逐渐走低。

于是,我们的"能养",也显得那么高高在上,所以,从态度和姿态上,我们就错了。这些东西很微妙,大部分人都意识不到。但是,你可以仔细回想一下,自己是否曾经因为父母不会使用电子产品、自以为他们适应不了潮流,而对父母不耐烦。我曾经多次因为母亲不会使用手机而对她发脾气。因此,对于父母,大部分孩子都可以做到"能养",但不够"敬"。如果说"能养"即是"孝",那我们对家里的小猫小狗都比对父母"孝"!

所以,孝敬的根本是发自内心地把父母看得很重、放得很高,而不是"属于你们的时代过去了",更不是只让他们衣食无忧有钱花就可以了。

人老最悲凉,莫过于"我们花不着钱"

当对"敬"字有了这样的认知后,再回想我父母亲那一句"我们花不着钱",忍不住哽咽。

"我们花不着钱"是那么悲凉:一是悲凉在他们不再被社会需要,继而没有激情和热忱参与社会生活;二是悲凉在他们不敢启口对孩子说"我其实更需要你来陪"。

随着日益衰老,父母参与社会生活的背影也是越来越少见。菜市场还是熙熙攘攘,还是充满了水灵灵的萝卜白菜、香喷喷的瓜子花生,可是,父亲母亲为缺斤短两而和小贩可劲儿掰扯的热络却不见了。他们腿脚不灵便，他们气血不足，他们再也无法像年轻时那样积极参与了。退隐久了，他们就会认定自己不再被需要，就像一辆不再被现代人需要的老式自行车：它们锈迹斑斑，没着没落地斜靠在某个人迹罕至的村庄某土坯老屋的犄角旮旯处。梁上无炊烟，梁下无人喧，荒凉无限。

可是，就是那样一辆破旧的老自行车，挂满了我们童年鲜活无忧的梦想。

"我们花不着钱"最苦涩的地方在于，比起给钱，他们更渴望孩子的陪伴，可是，他们却不敢明说，只能隐隐诺诺地吐露半句：我们花不着钱。

同在屋檐下，就怕"色难"

那天，几乎是同时，母亲和姐姐给我打电话。

妈妈气呼呼地说："你姐来看我，还不如不来呢，来了就耷拉着一张脸。"

我安慰妈说："姐可能有别的事情，您不要那么敏感。"

姐姐委屈地说："咱妈老是嫌我们脸色难看，不笑。那天天见了就哈哈笑，不是神经病吗？"

两代人之间，总是情两难。都没毛病，因为自古就是"色难"。

子夏问孝。子曰："色难。有事，弟子服其劳；有酒食，先生馔，曾是以为孝乎？"（《论语·为政》）

子夏问什么是孝，孔子说："侍奉父母保持和颜悦色最难。遇到事情，由年轻人去帮扶代劳；有好吃好喝的，让老年人享用，难道这样就是孝吗？"

为什么"色难"？

先说什么是"色"。"色"的本义是脸色。

再来看这个"难"字。简体的"难"，左偏旁是"又"，象形，自下往上的手，而右偏旁是"隹"，甲骨文字形，象鸟形，是短尾鸟的总称。鸟爪是向下的，与向上的手形是对不上的，反着，所以难。

而引申到我们与父母的关系上，就是我们总是不知道父母的心意，对应不上，自然无法理解，觉得他们不可理喻。无法理解就会有情绪啊，内心有情绪就会呈现在脸上，所以，就有了不好看的"色"。而老人家又深知自己老了，特别担心给子女惹麻烦，特别在意子女的"色"，但凡子女有一丝一毫的不乐意，他们就特别敏感，就会介怀。所以，矛盾，愈发地深化了。

但是，父母与子女之间，隔着时代、生活习惯、生活压力……种种差异，宛如横亘在两代人之间的千山万水，"色难"，几乎是不可避免的。

有时候，"色难"是因为各有各的心思

老家隔壁老王家的儿子非常争气，经过多年打拼，事业有成，在南方大城市拥有大物流公司。每次回家，他都有司机、专车，后备箱大包小包，全是给父母带的各种礼物，吃穿用度一应俱全。

一个村里的人都跟着沾光，解决了不少青年人的就业问题。街坊邻居对老王家的儿子赞不绝口，大家都觉得，能有这么出息又孝顺的儿子，真是上辈子修来的福气。

可是，不管周围的人多么羡慕，两位老人都不动声色，看不出一丝一毫的得意。甚至偶尔还会感叹：钱再多有啥用？没后（代）。

原来，父母只盼着儿子早点儿结婚抱孙子，儿子却一心搞事业。

儿子一回来父母就唠叨，现在，儿子每次回家，都是卸下东西就走。

有时候，"色难"是因为生理状态的差异

婆婆第一次来同我们住的时候，我很难受，因为她做家务的动静很大，有时候我在写作，会吓一跳。还有，她总是争着做家务，可是又打扫和整理不干净。我是个完美主义者，看到不干净，我就控制不住上火。

还有就是婆婆做饭很咸，每次让她少放盐，她都说她吃着刚好啊。

虽然那时候也有朋友提醒过我是不是婆婆听力有点儿问题，我想不到，也理解不了。

因为心里有这些"疙瘩"，我对婆婆也没有做到和颜悦色。虽然没什么冲突，但内心是不欢喜的。

后来婆婆走了，我才了解到，婆婆声音大，是因为她年轻时得过肾病，听力比正常人要弱，加之现在年纪大了，听力更差了，婆婆怕给我们添负担，从来不说。另外，她做家务不干净，是因为眼

睛花。做菜咸，确实是人老了后味觉会迟钝，变弱。

现在我的视力也有所下降，我才明白视力不好真的很影响做家务，因为真的看不清。

当我明白了这些真相后，内心充满了忏悔，多次邀请婆婆来同住。虽然婆婆没来，但她已经感受到了我的歉意。

有时候，"色难"是因为子女的粗心

去年夏天，同学邀请我们去他海边老家度假。

一个美丽的小渔村。

二老非常热情，临走时，同学母亲忧伤地说："唉，这一走，家里又不热闹了，又不知道何时才能看见儿子和孙子了。"

我忽然看见他家的粮仓上堆着三个不同品牌的平板电脑，落满了灰。我说您可以用平板电脑视频啊，很方便的，屏幕还大。

他的父亲凑上来急切地问："谁教我？咋用？"

哦，原来同学只舍得买买买，却忘了拿出耐心教他们用。

……

还有很多"色难"的直接原因。比如老人开电视声音大，剩饭剩菜舍不得倒，上完厕所忘记冲水，去菜市场爱挑便宜的蔬菜，等等。

人皆有孝心,很多时候,我们真的满心欢喜地想带上父母一起享受盛世繁华,却没有意识到父母有他们的时代,有他们的认知,有他们的习惯,是这些不同拉开了距离,让我们"色难"。

衰老是人一出生就写好的结局。而老了真的很难,很多我们认为易如反掌的事情,于年迈的父母而言,却难于登天。事实的确如此,希望大家能在平庸的生活里给父母多一点体察,多一点理解,多一点包容,多一点爱与关怀。

第五篇

好好说话——"因人而异"，善巧方便

见什么人说什么话，也是"因材施教"的一种

八大处公园附近有家文化工作室，主营汉服、茶，还有定窑的瓷器。有时候也会设计一些布艺玩偶，以及与茶、茶席相关的小物件送给客人，为使用，有时也为传情，告诉大家不轻小物。

因为离我家较近，我成了常客；和老板聊得来，成了朋友。

但我发现老板送给每个人的时机都不尽相同，而且也不是所有人都赠送。

有一天，我问她：为什么送给我，而没有送那个人呢？

老板笑而不语，反过来问我：你说呢？

我摇摇头。老板就缓缓回答：有人能送，有人不能送。

我一开始并不能完全理解，老板也禅修，平时总说待人要有平等性，一视同仁，不要有分别心，可这……

我疑惑了许久，现在，我明白了。自以为情商很高的我在处理日常人际关系时严重受挫。本来玩得特别好的朋友后来变得很尴尬，不知不觉苦涩起来。

我和小A既是老乡，又是同行，相处融洽。虽然她家在昌平，但喜欢喝我泡的茶，也喜欢我家的氛围，经常来我家做客。

有时候我会送小 A 礼物，朋友之间不就是要互相提供便利、抱团取暖嘛。

小 B 是小 A 的朋友。

因为种种机缘，在小 A 的桥梁作用下，我和小 B 也成了朋友。

小 B 也经常到我家做客，若是有小礼物，我也会送她。

很快，我们就无法一起愉快地玩耍了，矛盾重重。

这矛盾，就因礼物而起。

比如我只有一个礼物，给了小 A，没给小 B，她就会比较：为什么给她不给我？你这人不厚道。

慢慢地，小 B 对我有了意见，开始在我和小 A 之间搬弄是非。

最终搞得不胜其烦。

我方才明白老板在处理小事情小物件时，微妙言行和周到的用心，以及她曾经说的那句"有人能送，有人不能送"背后的深意。我发现，小 A 能送礼物，因为她随缘，不贪，心量大些。可是送礼物给小 B 就要费思量，因为她心眼儿小，爱计算，爱攀比。

而我，早应该作出相应的调整，比如要不要送，如何送，怎么送，送多少，什么时间送，等等，可终究因为自己的粗心，没有意识到。

我们总是抱怨世事复杂人心叵测，实际上是我们疏忽大意，懒得思考，有些愚钝罢了。

这让我想起了孔子和弟子们关于"闻斯行诸"的故事。

原文是这样的：

子路问："闻斯行诸？"子曰："有父兄在，如之何其闻斯行之？"
冉有问："闻斯行诸？"子曰："闻斯行之。"
公西华曰："由也问'闻斯行诸'，子曰'有父兄在'；求也问'闻斯行诸'，子曰'闻斯行之'。赤也惑，敢问。"子曰："求也退，故进之；由也兼人，故退之。"

这个故事的大意是，有一次，子路请教孔子："先生，如果我听到一种合乎义理的主张，可以立刻去做吗？"孔子对他说："有父亲和兄长在，总要问一下的吧，怎么能听到就去做呢？"

另一个学生冉有也问孔子："如果我听到一种合乎义理的主张，可以立刻去做吗？"孔子马上回答："是的，应该立即去做。"

同一个问题，不同的人问，老师竟然给出了不同的答案，这让孔子的另一位学生公西华非常纳闷儿，他于是就问："先生，同样的问题您的回答怎么不一样呢？"

孔子解释说："冉有性格谦逊，办事犹豫不决，所以我鼓励他做事果断。但子路逞强好胜，办事不周全，所以我就劝他遇事多听听别人的意见，谨慎保守一些。"

同样是自己的学生，同样的问题，孔子却给出了不同的回答，我们不能说圣人狡猾，也不能误会其不真诚，只能说他智慧过人。这也是他"因材施教"思想的缩影：针对学生的能力、性格、志趣等具体情况施行不同的教导方法。

关于"因材施教",我们总是认为这是老师教学生的事,根据每个学生的不同特点和智力水平,用不同的知识传授方式。其实,对于成年人来说,我们在处理各种关系时,在与人打交道时,又何尝不需要"因材施教"呢?

有的人贪心重,送他礼物要格外慎重。

有的人嫉妒心重,同他讲话要格外注意。

有的人爱斤斤计较,同时送礼物给他和别人,就要注意均分。

有的人虚荣心强,争强好胜,就不能一味地夸奖他,有时候要巧妙地"打击"一下,让他清楚自己的分量与位置。

再来说说"防火防盗防闺蜜"一说,"引狼入室"的故事,不也是吗?有的闺蜜是可以带入家里做客的,有的女性朋友是可以带上一起玩的,有的就不可以。

所以,我们说话办事,都要根据对方的"材",也就是心和习性,也可以说是个性来思忖交际与教育方案,话该如何说,事要如何做,如何起始回转。要不然,就会有偏差,就会有你意想不到的麻烦。

对人好,也是有学问的,也就是大家常说的"艺术"。不同的人,要说不同的话,采用不一样的交往方式,不能固化。

人贵语迟,有耻且格

上次回家乡探亲,从乡亲们那里得知了当地某位"高人"的"英雄事迹"。

他是一介草民,却让全城的警察大伤脑筋。

他是一个小偷,总是在街道集市上干些小偷小摸的行为,大错不犯小错不断,每次偷东西的数额不会太大,总是擦着法律的边线走。每次被抓进去,拘留几天就能放出来。他一直保持着出来进去的"匀速节奏"。每当被警察教育时,他还振振有词:我有五个孩子,我养不起,我只能用这种方式来养活他们。你们不让我偷,你们替我养活他们吗?你们能看着我的小崽子们活活饿死吗?

你说他无赖也好,杠精也罢,反正目前没人能说服他。

对于这样的百姓,如何教化他呢?又该如何正确地认知他的习性呢?

我想起了《论语》中有这样一句话。

子曰:"道之以政,齐之以刑,民免而无耻。道之以德,齐之以

礼,有耻且格。"(《论语·为政》)

这个"高人"虽然免去了刑罚牢狱,但在"德行"和"礼仪"层面,属于无耻之徒。

我们先来解释一下这句话的含义。

我们做事情时往往有两个层面,形而上与形而下,"道""政"就是形而上的东西,是内心树立的目标;"齐""刑"就是形而下的东西,是规范行为。那这句话的主要意思就是:以政令为民众树立理念,进行价值引导,以刑法来规范百姓的行为,民众虽然能免受政令与刑罚,但没有羞耻之心。以德为价值目标,以礼来约束、统一他们的行为,民众既有耻辱之心,而且还可以在"德""礼"的感召下,处处内寻、自查自纠,让自己的思想和行为尽量合乎道德和礼仪,让自己的德行日臻完美。

显然,那个"高人"是没有羞耻之心的。这里有个关键字:耻。

什么是"耻"?

"耻"(恥)字的左边是"耳",右边是"心",表示听到过错后心中感到羞耻,这就是知耻。

细心的朋友会发现,我们对孔子这句话的理解和惯常所见的不同,而不同的主要原因在于对这个"格"字的理解和认知不同。

《说文解字》:格,木长貌。徐锴系传:"亦谓树高长枝为格。"结合"格"的种种语境,我们倾向于认为"格"的本义是特别长、无限长的枝条,放在"有耻且格"的语境中,再联想一下我们常说的"格物致知",我们认为较为中肯的理解应该是:抓着枝条的末梢顺着枝条的脉络探寻本源、本质,探究事物的原理,从而获得智慧。

为了帮助大家理解这一层含义,我再来讲个有耻且格的故事。也是我本人的糗事,各位见笑啦。

那年秋天,我参加一个房车品牌活动,来到河北的柿子沟。中国有两大柿子沟,一个在山东青州,一个在河北保定,风景都不错。

因为去得早了点儿,柿子还没有红,略有遗憾。

在参观左邻右舍民宿的时候,路遇一户人家,那家的院落和我小时候的农村老家简直一模一样,就连门口种的丝瓜和丝瓜架都一模一样。

还有狗吠。

太有代入感了,我仿佛回到小时候,情不自禁地从旁边的杂物堆里抽出一根木棍,从丝瓜架上摘了一根丝瓜。

狗在不停地叫着,它叫得越欢,我越开心,感觉在方方面面,自己都回到了童年。

正当我迷醉不已时,当地的管家带领着小伙伴们从民宿出来了,我还得意地向大家炫耀我的"战利品"。管家看了看我,没有说话。

风景太美了,我太兴奋了,走着走着,看到低垂的柿子,又顺手摘了个柿子,还对小伙伴们说:你们也摘一个呀,好玩着呢。

管家这时候走近我,对我讲了这样一番话:

"每年旅游旺季,我们这里都因为游客乱摘柿子而闹出乱子,有时候还会报警。游客觉得摘个柿子没什么,毕竟,我们这里这么多柿子。所以争执起来理直气壮，警察来了他们也这样。可是，他们却不知道，柿子是我们村唯一的经济作物和农作物，农民要靠它生存。另外，一个人摘一两个柿子没什么，可是，旅游旺季时每天村里都要接待好多人，每个人摘一两个，数量就很惊人。"

我羞愧难当，恨不得找个地缝钻进去。

其实，现在来想，那种很难受的情绪，就是"有耻且格"。若以"政"和"刑"的标准来看，一根丝瓜不值几毛钱，从海量的柿子中摘取一个也不值得忏悔，我应该不以为耻。但若以道德和礼的准则要求自己，就确实可耻了。

而接下来返程路上发生的一件小事，又让我"格物致知"。

我们的房车正常行驶，突然来了一辆大货车，车速太快，掀起一粒极细小的沙粒，"哐铛"一声打在挡风玻璃上，留下一个基本看不到的裂纹。在交还房车时，公司让我赔玻璃损失费2000元。我以裂纹太小为由和对方理论，可是对方告诉我就是这极细小的裂纹，若是赶上恶劣的天气，后果将不堪设想！于是乖乖认罚。

这次的经历，我开始从细枝末节反思自己日常生活中的为人处世，待人接物。我发现没有任何一件小事可以因为小而被忽视。小事情不注意，不矫正，任其发展，则分分钟可能变成大祸。

一番彻底的自我检讨后，我又联想到我们党的优良传统：不拿群众一针一线。这也完全符合有耻且格的要求，针线虽小，但事关人品与道德。希望大家都可以做个有耻且格的人。

既然豆腐心，何必刀子嘴

"巧言令色"，也是长期以来被人们严重矮化的《论语》句子。看到那些说话好听的人，我们比不过，看不惯，就说人家"巧言令色"。

依照圣人的准则，这也是偏见。

子曰："巧言令色，鲜矣仁！"（《论语·学而》）

关于这句话的含义，普遍的解释是：花言巧语的人很少有仁义的，很少有好人，他们口蜜腹剑，很有欺骗性。

人们把重点都放在了"巧言"上了，认定"巧言"就是通过动听的话来迷惑人心。其实，理解这句话时，我们应该把重点放在"令色"上，"巧言"只是手段和方法，"令色"才是目的。因此这句话可以理解为："通过巧妙动听的话令聆听的人起了'色'，产生了偏见，不客观，不平等，这种人很少是有仁德的。"

因此，"巧言"本身不可怕，只是好听的话语而已，真正可怕的是"令色"，这才是巧言者的阴谋和心机——让聆听者陷入自己用声音设计的偏见之局。

可以假设一下，那些在街头拉老人家买保险或办保健品贵宾卡入会的职员，假如没有目的或者目的正当一些，他们的"巧言"其实是一种"老吾老以及人之老"的高尚行为。

讲一位老人家和巧言家的故事。

有一种不幸，是一生都没有被爱过。她就是。

幼年被双亲抛弃，受尽冷眼。婚后和丈夫性格不合，彼此折磨。又害怕孩子受罪而不敢离婚。

悲哀的是，两个孩子（一儿一女）也不理解她，总看她做事不顺眼，嫌她做事不漂亮。

后来，老人迎来了她生命中的第一缕暖阳——女婿。

女婿人帅嘴甜，老人心里乐开了花，每天都像活在蜜罐里，仿佛一生的不幸都被女婿的甜言蜜语治愈了。

女婿以炒股为生，总是需要资金。而一辈子节衣缩食有些存款的岳母就是他最大的"金矿"。

老人很喜欢女婿，对女婿的资金要求无条件满足，不仅倾其所有，还借外债。

看岳母这么疼爱自己，女婿更爱"巧言"了。

女婿越夸，老人越没有理智。

突然有一天，股市大跌，女婿血本无归，负了巨额债务，从此杳无音信。老人很受打击，用了很长时间接受这样的现实。

十年后，女婿又露面了，电话里还是甜蜜关爱的声音，但言语中已经没有"令色"了，只有忏悔和对于一位帮助过自己的老人的感恩。

有人同情老人的遭遇，善意地提醒她注意不要再上当。老人特别淡定地说："浪子回头金不换，如果他的甜言蜜语让我的生活充满阳光，我何乐而不为呢？仅此而已。"

特别佩服老人家的睿智和心胸宽广，即使是对于一个欺骗过自己的人，她还能平静公正地接受，没有"一朝被蛇咬，十年怕井绳"。更难得的是，她能经一事长一智，能享受"巧言"本身，而不被"令色"干扰。

您看，如果没有"令色"，"巧言"真的是无害的，它只会取悦你的耳朵，滋润你的生活。

因此，我们不应该对"巧言"者一棍子打死，判断人的言谈举止还是要看发心和目的，是单纯的善意还是另有图谋。

而那些走到"巧言"对立面的人更不应该了。比如我们常听到有人说自己"刀子嘴豆腐心"，他们明明就是自己言语不够周全出口就伤人，还总是辩解说"我只是心直口快，不会油嘴滑舌而已"。还经常通过贬低"巧言令色"来抬高自己。这种人才狡猾啊。所以，刀子嘴豆腐心并不是高风亮节。既然豆腐心，何必刀子嘴？巧言一点又如何？

被误解不伤怀,"求为可知也"

2021年末,有个关于"年度最悲催家庭"的段子挺火的:老公是干房地产中介的,老婆是干教培行业的,年初买了某大的期房,抄底了中概互联,还意外有了三胎。

当时觉得只是段子,谁知竟成了身边的现实。

有个亲戚,他家的情况基本如此。除了没有三胎,其他全中!

房子的按揭款要月月付,两个娃嗷嗷待哺,真是"压力山大"。他说最可怕的是看不到未来,他和老婆都找不到工作,投了好多简历。人到中年,真是苦不堪言!偌大的社会,竟然没有自己的席位。

既然他愁忧的是自己无位,那咱们就看看《论语》中关于"位"的阐述。

子曰:"不患无位,患所以立。不患莫己知,求为可知也。"(《论语·里仁》)

"立"字的本义与含义前文我们在说"三十而立"的时候已经说过了,这里稍微再补充一点,甲骨文的"立"字,像一个人站在地上,下面一横是指示符号,意为地面。甲骨文"立"字既表示站立,也表示站立的地方，本义就是人站在地上。

所以，"不患无位，患所以立"的意思是，不必担心没有位子，应该考虑的是以什么东西才可以在这个位子上立得住。你的道德、能力，是否可以胜任和驾驭，如果德不配位、能力不足，肯定立不住。

说到这里，我就想起早些年找工作时，去公司应聘，常听老板说起一句话：我们公司永远缺人，缺优秀的人。这句话对我启发很大，换句话说，只要你够优秀，永远不用发愁没有合适的位子供你发挥。即使是中年危机的时候，我也坚信如此，所以，纵然低谷，我也会把重点放在让自己变得更优秀、更全面上，所以，总能遇山开路，遇水架桥。

于是我问亲戚：你现在除了你的老本行，你还能做什么呢？他说他对剪辑感兴趣，自学了一些。我接着追问："会一点儿还不行，能'立'得住吗？能胜任这样的工作吗？"他说暂且不能，那我就让他好好学，自己有了满意的作品，能为公司所用了，那就是"立"得住了，就有位子了。

分析到这里，亲戚松了口气，说对于工作有了些眉目，依稀找到了出路。

工作有方向感了，就开始有心思扯别的了，说起了自己的家庭矛盾。他和老婆两人都失业，心情都不好，就在家里"死掐"，家里天天鸡飞狗跳的："来你家喝口茶感觉像到了天堂一样舒适，自己好久没这么痛快地呼吸过了。"

"问题的焦点在哪里呢？"我问。

"一天天都不知道她怎么想的,一天到晚找事,无事生非。她也这样说我,说我不知道她的心意。"

哦,原来这样啊,刚好下半句"不患莫己知,求为可知也"可以解决这个问题。顺水推舟,接着学习。

首先应该明确,"她不知道我"或"我不知道她"是很正常的自然现象,俗话说"人心隔肚皮",这层"肚皮"就是客观存在的。

注定有隔阂的条件下,我们要想被人知、知人,就要找方法,也就是"求为可知也"。

整句话可以翻译为:不要担心别人不懂得自己,而应该寻找能被别人懂得的方法。也就是说,要了解对方,要做对方能理解的事情,说对方能理解、可以听的话。你方法对,别人自然就知道你了。

本来只是想解决他的职业困惑,没想到把家庭矛盾也解决了,很少见到一个大男人如此喜出望外。他像个孩子似的感慨:总觉得孔子是高高在上的圣人,不食人间烟火,根本不懂我,总觉得《论语》很难懂,和我们俗人的生活八竿子打不着,真没想到这么好用啊,随便一个字都能和自己的痛点连上,而且一连就灵!

是的,我也是在世间颠沛流离,亲自尝到了国学的甜与妙,才立志要写这样一本书的。

就比如"不患莫己知,求为可知也"这句,也是我屡次用过、在生活中被印证过无数次的。

我总嫌先生把家里搞得乱糟糟,吵了很多次了。我一张嘴就是"我弄得好好的又被你搞乱了""你为什么总这样"……

可别小看这种小事，有时候维系几十年的婚姻就是被这鸡毛蒜皮的争执击垮的。

在懂得"求为可知"的含义后，我开始转变表达的方式和内容，我开始略带痛苦又柔软地和先生说："因为我在家写作，家庭环境整洁我就能心静、有灵感，乱糟糟呢心就跟着凌乱，效率很低。你理解一下支持我的工作，好吗？"听我这样说，老公也变了一种语气，他无辜地说："我也不是故意气你，我是觉得家就是放松的地方，不用那么拘着，我以后注意些。"

你看，我们夫妻十几年，直到今天，才彼此知道对方的"变态"行为后面是什么样的认知。就这样互相"求为可知"后，老大难、伤脑筋的问题瞬间得以解决。

所以，假如事业不顺，不稳，请牢记"不患无位，患所以立"；假如关系不顺，请练习"不患莫己知，求为可知也"。这一句话，就把事业发展和人际关系困惑全都解决了。还有比这更划算更周全的事吗？

人心不忍直视，正确理解《论语》中的"小人"

外甥在香港读中一，他们教材中有很多《论语》的篇章，注释非常深广，无论是从传统文化的复兴角度，还是青少年的成长角度，这都是一件非常好的事。

外甥聪明又敏锐，逻辑性强，有一天，他问我："舅妈，为什么《论语》中有这么多'小人'？是不是孔子鄙视我们呢？这太不应该了。"

孩子提的这个问题非常好，我们学习《论语》这么多年，都没有意识到这是个问题，更甭说提出来了。

正确理解《论语》中的小人

为了避免不必要的误会，我们一定要正确理解《论语》中的"小人"。

大家知道，在《论语》中有很多"君子"和"小人"的对比，比如"君子喻于义，小人喻于利""君子坦荡荡，小人长戚戚"等。有人据此认为孔子说一套做一套，不一视同仁，还有人根据"唯女子与小人难养也，近之则不孙，远之则怨"而批评孔子搞性别歧视。

其实，在论语中，"小人"指的是一种和"君子"相对的修养、修身状态，可以说，在达到谦谦君子之前，我们都是"小人"。所以，不要对"小人"那么敏感。

假如你能认真读完下面这句话的内容，相信对"小人"会有不同的感受。

子曰："君子怀德，小人怀土；君子怀刑，小人怀惠。"（《论语·里仁》）

关于这句话，常见的译文是：孔子说："君子心怀的是仁德，小人则怀恋乡土；君子关心的是刑罚和法度，小人则关心私利。"

通过这样的解释，我们确实很直接地把"小人"理解为小肚鸡肠、贪图实惠的人。但这样理解并不通顺，经不起推敲，比如为什么怀念乡土就是小人呢？有点莫名其妙，对我们世间的生活也没有什么指导意义。

但换一条思路，感觉就不一样了。

"怀"是内心所想的意思。"土"的古义是一横上面鼓出来一个小土包、小土堆。"刑"的古字左边不是"开"，是"井"，该字的本义即用刀砍掉一些东西，也可以说是戒。"惠"字更有意思了，"惠"字始见于西周中期，下面的"心"字是形符，表示跟人的心理活动有关，上面的"叀"字是声符，读音为zhuān，是"专"字的本字。"叀"

字是指纺锤。这两个字形组合在一起,往褒义说是专心致志地纺线,心思缜密;往贬义说是心里有特别多的弯弯绕,心眼儿多。那在本句中用来指小人状态,那就是贬义,用来形容人花花肠子多,内心有很多的弯弯绕。

这样分析,各位感受如何?是不是特别接地气,特别有帮助?也非常符合个人现实。我内观了一下自己的思想行为,承认自己就是个小人,我们做事情,总是有所图的,也就是"怀土",怀有各种各样的目的,只是这些目的我们意识不到,或者根本不愿意面对,拒绝承认。

我们处处"怀土"

有个朋友还是无法认同我这个人人内心"怀土"的结论。她想"以子之矛攻子之盾",用我的例子来反驳我,她说:"这些年,你对我这么好,我的对象是你介绍的,我的工作是你介绍的,我的孩子你也当自己的孩子来疼爱。知道我们一家人吃素饿得快,你有空就蒸好吃的馒头给我们送来……在我眼里,你是完美的,你善良又大方,从来不图我们回报,你就是我的'神仙姐姐',无论情感和物质,你都一直在输出,我实在想不出来你'怀土',我也无法接受你这样说自己。"

谢谢她的真爱，但我羞涩地摇了摇头，继续坦言："我也是'小人'，我也还是有所图的，比如我喜欢你，也想被你喜欢，最好是偏爱。"

……

那真的不"怀土"是一种什么样的境界呢？就是只要能利他就行了，做过了就忘了，别人记得我也不记得了，别人骂我也没关系。

按照这样的标准，我们平日里那些"人设"都太经不起推敲了，我们口口声声为了老人好，其实还是图老人让我们省心，别让我们操心，少给我们添麻烦，不占用或少占用我们的时间。我们口口声声对孩子好，其实还是指望孩子给自己争光、完成自己的梦想。我们口口声声对朋友好，总是要图个方便或照顾。这些林林种种程度不一的"图"，就是"怀土"。

我们人人"怀惠"

除了总是有所图，我们还特别善于隐藏自己的目的，也就是"怀惠"。比如有本人脉关系的书就教给大家，在结交朋友时要"把功夫用在平时"。其实这就是"怀惠"：平时对人家关怀备至，特别热心，毫无目的，其实是为有朝一日用得上做铺垫，"放长线钓大鱼"。

那天，闺蜜小李向我吐槽她的闺蜜小王，说小王总是深更半夜和她哭诉自己老公的不好，小李怎么劝对方也听不进去，永远有解决不完的难题，发不完的牢骚，严重影响了小李的休息和心情。这个免费情绪"垃圾桶"的角色小李是厌恶透了。

我说：那你直接告诉小王无能为力或者不要这么晚给你打电话不就解决了吗？

小李不假思索地说："哎哟哟，我可不好意思拒绝她，她老公是银行信贷部主任，我老公做生意，保不齐哪天还指望她提供点方便呢。"

你看，小李看起来只是毫无条件地当人家的情绪"垃圾桶"和思想导师，其实心思挺缜密的。人际关系在平时维系的成本低，效果又好。这明明就是投资啊。这是真真切切的"怀惠"呀。那平日里，你对某个人的贴心服务，是不是也怀着"惠"呢？我们常常说"人心不可直视"，大概就是心里面的"土"与"惠"吧。

对于尚不是圣贤的我们，"怀土""怀惠"并无不妥，它们是我们维护人际关系的一部分，也是我们营营役役的必须。只是，我们不要把自己捧得那么高，别总把自己当"圣母"，唾弃别人是"小人"。

"义""利"并用，不同的人采用不同的教化方式

甲和乙是铁哥们儿，最近，这对老铁因为点鸡毛蒜皮的小事绝交了。

原因是他俩一起合作生产了一个产品，在推广阶段，甲把产品按原价卖给亲戚朋友，而乙却免费送出去了。

甲看不惯乙的做法，很不爽，抱怨乙说："说好的出售，你非得免费送，成本你自己补上吧。"

其实，乙之所以那么做，甲之所以这么说，都是仗着关系瓷实，亲如兄弟。

于是乙就把甲拉黑了，绝交了，还退了共同的微信群。还发微信朋友圈泄愤，说自己不看重钱，而甲眼里只有钱，引用"君子喻于义，小人喻于利"，说甲是小人，自己是君子。

都四十多岁的人了，还拉黑、绝交、退群，只能说他们是"真爱"。

从旁观者的角度来看，其实称自己是君子的乙，并没有自己所说的那么全然不在乎钱，真全然不在乎，不也就没有事了嘛。而被贬低为小人的甲，也没这么在乎钱，据我所知，很多人都找他借过钱，数额不小，他都慷慨解囊，从来不要利息，从来不催还。而他们这次的嫌隙，谁都没有错，只不过彼此衡量的标准不同，甲作为

投资人，他做的是商业，而乙没有投资和商业概念，他玩的是感觉。

那么，该如何理解"君子喻于义，小人喻于利"呢？

子曰："君子喻于义，小人喻于利。"（《论语·里仁》）

关于"君子"和"小人"，前文我们已经说得比较清楚了，这里再继续补充一点。问大家一个问题：通常我们称什么人为"小人"呢？

你大概会回答："小孩子呀。小朋友呀。很多家长亲昵地称自家小朋友为'小人儿'。"

是的，生活中我们习惯称未开蒙不懂事的小孩子为小人儿，是可爱的昵称。同理，在圣人眼里，一切未开化的、无明状态的人都是小人。换句话说，在没修成为君子之前，我们都是小人。相反，那君子的意思就出来了：君子就是明心的人，智慧的人。

再来看看"喻"。"喻"的初文为篆文"谕"字。谕，告晓也。晓之曰谕。其人因言而晓亦曰谕。也就是以声闻的形式教化令人通达。

明白了"喻"的本义，这句话的意思就出来了。它不是我们想当然理解的"君子讲义气，小人唯利是图"，而是对不同的人要用不同的方法，即懂得众生的心性，对于君子和小人要用不同的方法引导和教化，对"君子"就用"义"的方法，对"小人"就用"利"的方法，引其出无明与黑暗，走向光明。

相反，假如我们对"君子"用"利"的方法，对"小人"用"义"的方法，无异于"对牛弹琴"，收不到预期的效果。

一位妈妈特别担心她的儿子。一是学习，孩子不爱学习，面临着留级；二是孩子爱憎分明，心直口快，同学关系处理得不好，经常被同学打小报告。

这两个问题，其实是大问题：假如留级，对孩子的自信心是一种毁灭性的打击；而同学关系处理不好，孩子将来有可能社交障碍。

为了激励孩子学习，妈妈整天给他灌输"青少年要志存高远""要有社会责任感""学习好了才能有好的前途"之类的大道理。

为了改善孩子的同学关系，妈妈整天数落他"你说话要注意，要语言文明""别人都不喜欢你，你舒服吗"……

妈妈的这些教诲，孩子极其反感，没有任何效果。

妈妈说的这些"前景"孩子不感兴趣，而她说的这些"后果"孩子也完全不在意。

我是了解这个孩子的，他自尊心强，聪明，也很成熟。于是我启发他："你自尊心这么强，留级不是你想要的吧？再说以你的智力，加把油，一定可以优秀升级。"对于他的同学关系问题，我只是给他看了一则"祸从口出"的新闻，然后简单说了一句："说话很重要，有时候不经意的一句话有可能给我们惹来大麻烦。"

孩子真的改变了。不仅成为学霸，也成为一个很受欢迎、温和又有智慧的孩子。这变化也太惊艳了！

所以，得知道孩子想要什么，在意什么，才好决定"喻于义"还是"喻于利"，才能以四两拨千斤。

这一沟通法则，适用于一切"小人"：对不同的人，在不同的状态下，要采取不同的教化方式。

因为"谨言",我们变成了精致的利己主义者

我做了一年的茶室兼职文案:把茶与《论语》结合起来,浓缩成精华,以文字输出,以视频呈现。

这对我学习《论语》的帮助极大,它需要我把《论语》知识悟透,还要充分了解茶性,把儒学的文化底蕴与茶之道完美结合。

其中有一条文案我是这么写的:"'古者言之不出,耻躬之不逮也。'茶之言,诚无欺。"

从结构上,前面是《论语》原句,后面是我对茶的理解。

二者结合的依据是什么呢?《论语》原句的内容重点就是古代的人不会轻易把话说出口,他们对自己的言语很谨慎,因为以说到做不到为耻辱,也就是我们平时说的"谨言慎行"。结合茶文化,无论品饮还是茶聚,无论说茶还是聊天,也都应该严谨、诚实无欺。说话要过脑子,如实说,且要说到做到,讲诚信。

我以为结合得比较丝滑,但还是被老师否了。

先还原这句话的来历。

子曰:"古者言之不出,耻躬之不逮也。"(《论语·里仁》)

对于字面意义的理解，老师说我理解得是合理的，她说从字形上看，"躬"是身体弓着，古代人不轻易说话，他们以躬身践行实现不了为耻。

既然如此，那为何文案还是通不过呢？

老师问："在如此理解后，你会怎么做呢，有哪些变化呢？"

我说："那就少说话呗，或者干脆就不说了，省得惹是非、给自己增加精神压力，还要承担道德风险。"

老师说："对，是的，然后你就变成了精致的利己主义者。"

这一句话戳中了我的破绽，我眼睛一亮，被否得心花怒放。一直觉得精致的利己主义离自己很远，殊不知在自己身上一直存在着。就比如每次茶室举行茶会，都会提前发出邀请，我从来不会立即决定参加还是不参加，而是到时候根据时间和心情，随时"空降"，其实，就是怕无法守时守信而承担精神压力和道德风险啊。

想到这些，真是羞愧难当，思绪翻腾。我们的思维线太短了，比如对于"古者言之不出，耻躬之不逮也"这句话，看完了字词都认识，也翻译个差不多就完事了，从来没有进一步思考，和自己的生活结合，更没有用来扪心自问接下来怎么办，如何用来修身养性。我们在懂得这句话后，应该有所延展，正向理解：今后要勇敢地说，好好说，言之有信，言行一致，自我要求更高，而不是怕担风险嫌麻烦闭嘴，不说话也不干事了。

反观现实，我们对这句话的理解都是反向的：既然说个话都那么麻烦，干脆我就不说了。于是我们就变成了精致的利己主义者，小到和闺蜜约会，大到治国为政。

你有没有发现自己面对朋友的邀约，越来越不敢答应了，然后模棱两可说一句"再说吧"或者"到时候看情况吧"。然后还补一句："我怕自己答应了你但有别的事放你鸽子。"其实你补的一句就是精致的利己主义者的说辞。

这样的次数多了，友情便在精致的说辞中变淡、变远、变冷。我们变得懦弱，不负责任，连为友情克服一下"姨妈痛"的勇气和责任心都没有。我们在与朋友的渐行渐远中感到孤独，又把这种孤独感归罪为"人心易变"或者"知音难觅"。

再论大事，某基层干部，在同一岗位上十几年了，百姓的生活无改变，城镇建设无进展，他那个职位简直就是摆设。后来，来了个副职，非常勤政，把当地建设搞得轰轰烈烈，老百姓也都非常拥护他，都认为副职是父母官。可是，却成了正职的"眼中钉"，后来正职使坏把这个能干的副职扳倒了。其实，这也是某种形式的"耻躬之不逮也"。因为怕说错话办错事，干脆就懒政、不作为，可是这种在其位不谋其政、不作为本身就是大耻辱啊。

同样导致精致的利己主义的还有另外一句。

子曰："君子欲讷于言而敏于行。"（《论语·里仁》）

这句话的意思是，君子在言语上要迟一下，要想一想缓一缓再说，想好了再说，在行动上要敏捷快速一些，但这里的"敏"不仅指速度，还有行动有效。

很多人也因为这句话干脆就不说了。"讷于言"势必意味着自我约束，多考虑，仔细思忖一下再说。很多人就讨厌"烧脑"，干脆就不管不问了，这样不用动脑子，还不得罪人。

还有一点需要提醒大家，规劝别人是"行"而不是"言"。看到别人犯了错误或走了弯路，有危险，要规劝，积极提醒。从形式上看是言，从效果上看是行。我们理当拿出应有的行动，如果都不说不做，那不就是放任错误和悲剧的发生吗？不就是放任劣币驱逐良币吗？

前不久我就犯了这样的错误。新冠肺炎疫情期间，有个朋友特别爱逛，而且还不戴口罩。我感觉这样不好，有风险，特别想提醒她，但又一想，何必多费口舌，说了人家也未必听。于是本着"多一事不如少一事"的原则，我就没有提醒。后来，她真的因为光临了某花市而被隔离半个月。

我意识到朋友那样做有危险，却不规劝不提醒，表面上看来没什么，依照本文我们讨论的两句《论语》金句，实属不该。

希望大家以我为鉴，做一个勤说勤力的人，杜绝沦为精致的利己主义者。

"一切都是最好的安排"有前提：见贤思齐

很多时候，从心意上，别人明明是为我们着想，想对我们好的，但从结果上，却给我们带来了麻烦。

姐姐说她有个朋友是服装厂的工人，针线活做得极好，对布料的审美也很好。姐姐想送我床品四件套，问了我尺寸，我非常精确地说明了尺寸。

姐姐就找她的朋友下单了。

收到被罩后，我兴冲冲地套上，结果长宽都不合适，家里所有的被子都不合适，但花色深得我心，我又专门为这被罩加工了一床被子，好生周折呢。

我把结果反馈给姐姐。姐说她朋友做活挺大方，熟人都会在尺寸上宽裕些。

我把这件事当生活的佐料讲与一位建筑设计师朋友听，还感慨"好心反成麻烦，工匠精神不易得"，本来想引起他的共鸣，没想到他却站在了我的反面："不仅是做活的问题，是我们共同的问题。我做建筑设计的时候，尺寸上通常也会让出来一些，会考虑施工方、装修方的实操和习惯，考量后在数据上留出富裕。所以，问题出现时，我们先要反思自己，因为那些问题貌似是别人的事，其实是我们每一个个体组成的大环境的事,每个人都有份儿,都值得反思。"

虽然他没有迎合我的情绪,但我依然对他肃然起敬,原以为设计师只需要测量规划就好了,没想到还需要深厚的文化底蕴。听君一席话,我想起了"雪崩时,没有一片雪花觉得自己有责任",又想起了"见贤而思齐焉,见不贤而内自省也"。

子曰:"见贤而思齐焉,见不贤而内自省也。"(《论语·里仁》)

这句话怎么理解?和以上事件有何关联?

理解这句话的关键字是"省"字。"省"字始见于商代甲骨文及商代金文,下部为"目",古字形像眼睛;上部为"生"的省略形式,"生"的古字形像地面上生出的草木。两个部件构成形声字,"生"表声,"目"表义。因此,"省"的本义是视察、察看。看什么呢?是自察,察自己的心地有没有长出杂草。

因此,这句话的译文就是:孔子说:"看见贤人,便应该想向他看齐;看见不贤的人,便应该反省自己(有没有同样的问题?有的话就要改正。有没有长出杂草?有的话就要拔掉)。"

在孔子眼里,应该没有不贤。因为他说的所有话都是针对自己的,而不是针对外人的,他是以自身为反省的切口,而不是把矛头对准别人。

这对我们的言行有特别切实的指导意义。我们常说,所见皆是因缘,一切都是最好的安排,其实,这里有个前提,就是你得具有

"见贤而思齐焉,见不贤而内自省也"的觉悟,把所有人都当成自己修养的"道伴儿",把所有事都当成自省、修养的良机。这种情况下,任何人都是你的贵人。

很遗憾,现实中我们经常做反了,我们是见贤而嫉妒,见不贤而厌恶!

二分法、分别心是我们的习性,遇到一个人,要么比我们强,要么不如我们。对于比自己强的,心生嫉妒;对于不如自己的,又打心眼儿里看不起人家。

借此机会,我继续以自己为切口进行反省吧,其实面对贤人,我也没有那么"归顺"。就以我和老师的关系为例吧,最开始的时候,我就觉得她很高尚,但我并不想向她学习,我觉得她对谁都好,没个性,不生动,太呆板;再后来,我觉得她太好了,我们从小所受的教育和成长经历不一样,我可做不到她那样;还有一段时间,我不喜欢的人她也很善待,我还看不惯她,觉得她没有原则,也有认知盲区,也有过抵触情绪。不过,我都及时地反省了自我,觉得自己不够光明磊落,心胸狭隘。直到今年,我才开始有明确强烈的意愿想成为老师那样的人,情绪稳定,自利利他,心宽似海,道德高尚。

对于不贤的人,我特别不理解,甚至因为看不惯他们而不想和人家同在一个空间,一有机会就会说人家的坏话。但后来,我发现,我说别人的那些坏话,其实都是在说自己,我指责的别人身上的那些毛病,我自身也有,只是没有意识到,或者尚且没有显露出来而已。有个词叫"口己",说的就是这个道理。

　　总之,当我以"四件套"事件为契机,深入理解"见贤而思齐焉,见不贤而内自省也"后,我彻底放下了评论议论上的"二元论",遇到任何事情,先反思自我,把外境当成照见自我的"明镜"。嘴净了,心静了,进步的幅度就大了。

动辄"攻乎异端",世界只会更纷乱

两年前,我出了一本书,书名叫《一别两宽》。

因为直抵现代人的婚姻生活的痛点,上市不久就售罄。后又应广大读者要求,火速加印。

加印后,为了促进销售,我也力所能及地做了点儿推广工作。我找到在某律师事务所任主任的 W 同学,告诉他这本书作为家事律师的工作工具,堪称完美。一边办案,一边得到心灵慰藉,这是功德无量的事啊。这也是我写这本书的初衷:提供法律思路,也温暖心灵,救助情感。

我兴致勃勃地推介,没想到 W 同学毫不留情地拒绝我:"你的书名副标题有'离婚'二字,很不符合主流价值观,不仅我不会买,我也不会让我的同事买的。"

这样的回答令我十分震惊,第一反应是非常气愤。大部分读者评论都说书中满满的善意,W 作为同学,怎么可以这么无情又武断呢?

但我立马想到"人不知而不愠",于是没有栽在情绪上,而是迅速地归于平和。

虽然没有发脾气,但对于他的偏见,我还是想写篇文章说道说道。有必要这么做吗？为了避免鲁莽，我又翻了翻《论语》，看到一句话，于是，连想批判表达的欲望都没有了。

那句话是什么呢？

子曰："攻乎异端，斯害也已。"（《论语·为政》）

"端"的古意为植物扎根于地下长在地上之形，引申为人根据自己的思维表达出来的意见。那"异端"就是不同的立场、意见、说法等。

这个"斯"指的是什么呢？指的就是前面的"攻乎异端"。

"攻"的解释有两种，一种是致力研究，另一种是攻伐。如果取后者，那么这句话就可以理解为孔子说："攻击不同派别的观点或人，这样的行为是有害的。"

很可惜，现在这样的有害行为越来越多了。人们特别喜欢搞派别，书法有派别，学佛有派别，工艺有派别，读书有派别，还有洲际黑、地域黑。有派别就免不了有攻击。

为什么攻乎异端的行为是有害的呢？害处又是什么呢？

我们以一个家庭夫妻之间的攻乎异端为例说明。

大家都知道，2020年新冠肺炎疫情期间，离婚率上升，就是因为夫妻在家处的时间长了，观点不一致，有争执，有一对夫妇就险些因之离婚。两口子在家看电视剧，女的很讨厌女一号，说她虚情假意，"绿茶"一个。但男的说"我觉得挺好的啊"。于是女的就说：

"你们男的就喜欢这些装模作样的女人,傻帽儿。不分好歹。"男的嫌女的夸大其词,于是二人就吵起来了。

美国大选期间,也有很多中国家庭因为主张不一致而吵架。和朋友约会,一见面,朋友就苦恼地对我说:"你说美国大选,我家跟着起哄什么呀,我们家三口人,分两派。"我扑哧一下笑了,她问我笑什么?我说我们家就这么俩人,还分两派呢。而且,就在送我见她的路上,我还和先生因为意见有分歧吵了几句呢。

攻乎异端就是争嘛,争着争着胜负心炽盛,就成了斗。斗得不可开交,两人就成了敌对的双方。那种想战胜对方的欲望,以及无法战胜而带来的愤怒、嗔恨,这种种恶劣的情绪,对我们身心而言就是人祸啊。

你看看那些好争斗的人,不仅身体不好,而且人际关系也不好。像我说的那个 W 同学,就爱争斗,其结果就是大家都疏远他,但凡有聚会都不爱叫他,偶尔有他参加的饭局,都是不欢而散。

只要对于不赞同自己观点的人产生憎恨和厌恶,进行批判,攻击,就是"攻乎异端",这种敌对的恶意既伤内(伤害个体的小宇宙),也伤外(破坏外界环境的和谐)。假如这种攻乎异端的行为发生在团体与团体之间,那危害更大,天下都跟着不太平。

有人会问了:假如那个人特别坏,说得特别不对,言行举止特别差劲,不符合仁道,那也不应该攻吗?

是的,你可以表达你的观点,但最好不要带有情绪,更不应该恶意攻击。

《论语》里还有句话能帮我们自动开解,那就是:"我未见好仁者,恶不仁者。"

即使你认为对方是不仁者,你是仁者、是对的,也不能厌恶他。

你可以不喜欢,那是你的自由,但别讨厌。你讨厌别人,就是一种冒犯,他一定会回击你,哪怕是一个充满敌意的眼神,也会影响你的生活。

如果你断定他是恶人,有可能伤害到你,你可以远离,以求自保。

"再见"与"你好"同等重要

我们去餐馆吃饭，进门时迎宾人员很热情，但走的时候态度可能要差一些。

近些年全球文旅行业搞得很火，我有幸参加过几场大规模的活动。同一个地方连续去几次的情况也有，比如内蒙古自治区某地。

因为去的次数多了，稿子写得也不错，和当地活动主办方的一位工作人员就成了朋友，有时候他会听听我的意见。

前不久，他特别苦恼地请我分析一个问题。说就数去年活动搞的规模最大，投资最多，搞得也最累，然而，就数去年不落好，分管的领导批评他，参加的自媒体也没说好话。为什么呢？

他说："吃得好，住得好，该给的媒体费用也都给了，为什么反响却很糟糕呢？真令人费解。"

我说："你输在了终点。从宣传预热到接待体验过程都很完美。但是，送客环节却很糟糕。"

他们的送客环节是这样操作的：客人分两拨儿，一拨儿从当地直接返程，有的从火车站走，有的从汽车站走，有的从机场走，主办方嫌送起来麻烦，索性就都不送了，让客人自己打车走。因为语言不通，很多"网红"和出租车司机沟通都不太顺畅。另一拨儿是由大巴车送回北京，但是车停到北京哪一处呢？没有规划。司机也就本着自己省劲的原则，随便停。泊车的地点离地铁很远，无论是北京人还是从北京转车乘机的外地人，都不方便，所以怨声一片。

我把问题告诉他，他却很纳闷儿地回问我："送客还有这么重要吗？"

为了解开他的疑惑，为了国家的文旅事业发展，我只好引用《中庸》里那句经典。

送往迎来，嘉善而矜不能，所以柔远人也。

这句话是孔子在讲述用"九经"来治理国家和天下时对待外国人（鲁国以外的人）的策略。我这里单摘出这一句。

这句话的意思是说，走的时候欢送他们，来的时候要欢迎他们，对于他们好的品德进行嘉勉，他们能力不够的或者和我们不同的地方，我们要协助支持周全他们。我们用这样的方法，就能吸引外国人。

"嘉"就是嘉奖、勉励的意思。"矜"就是"同情"的意思，我们同情他、协助他。我要特别提醒大家注意，为什么是"送往迎来"而不是"迎来送往"呢？作者这样安排，自然有他的高明和用意，圣人太知道人性和我们的习性了，因为"迎来"很容易做到，而"送往"不容易做到，特别容易被忽视、省略。

接待再热情，如果"送往"不周到，等于是全盘皆输。

现在，很多国际性旅游名城虽然名气很大，客流量巨多，但游客的满意度却奇低，就是因为旅游咨询服务功能没做到位，没落实好，注重迎宾，忽略送宾。不信，你可以想一下，我们的机场有迎宾接待处，却没有送宾服务窗口。

再以我自己多年的旅行经历为例，我体验过多种形式的旅游待遇，有背包客的文化苦旅，有国外官方旅游局的高规格接待，有商务考察，也有家庭度假。我发现大部分国家的旅游服务在迎接和陪同这两个环节上，都做得堪称完美，但在送别上，差距很大。

这种背景下，那些送宾环节做得好的国家和地区，口碑特别好。比如日本。

那是我同家人的第一次邮轮旅行，目的地是日本冲绳，返航那天，风很大，我们拎着行李，随人流急匆匆地奔向甲板。可是，临别前的所见却让我热血沸腾，我看到包括导游、司机在内的所有工作人员都夹道欢送，殷殷地看着我们，扩音器里用中文一遍遍说着感谢、再见，欢迎下次光临之类热络的话，递到掌心里的宣传册上介绍着更多我们没有抵达的美妙景点。我的心里涌动着一股暖流，并对下一次的行程充满了期待。

正是在那一刻，我对礼仪的理解又深入一层，送比迎更重要。

与此同时，我又想到了这些年我所光临的茶室。凡是经营良好的茶室都特别重视送客环节，离开时，服务人员会毕恭毕敬地开门，按电梯，送行。无论是对新朋友，还是像我这样熟得不能再熟的老朋友，这一套礼仪不变。很多时候我觉得没必要，但茶室管理者坚持这样做。原来这表面上的嘘寒问暖背后是有文化和礼仪渊源的。

其实，在《论语》中也有很多这样的痕迹，比如"事死如事生""非礼不动"等，都启发我们要善始善终，一以贯之，须臾片刻不能离"道"。

以上我们说的是文旅接待、柔远人的事，但对于个人为人处世，重视送往也大有裨益。

我们做事情的时候要善始善终，三百六十拜都拜了，就不要差最后那一鞠躬了。举个例子，有位助理替领导送客，又招待吃饭又忙活订票的，很累，在把客人送进电梯之后，立马吐槽"真难侍候，总算是走了"，然后还做出一个踢人的动作，结果这一幕刚好被领导看到了。领导当场批评了她："原来你如此对待我的大客户啊！"然后把她解雇了。

再比如我们接待亲朋好友也要"送往迎来"，一招不慎，前功尽弃。一个朋友说她暑假期间接待了一拨儿婆婆家那边的亲戚旅游，一切都安排得挺好，最后离开时她也累了，直接约了车把亲戚送到火车站，她自己没送。过年回婆婆家过年时，就听到了风言风语："那个媳妇架子很大，亲戚走连送都不送。"

她很伤心，尽管亲戚乱说话不对，但她也有她的过失。

你看，这都是现实中活生生的教训啊。

不要以为这是小事，这样的小事做好了，成为道，在其他方面皆可有建树，你也具备了治国平天下的基本素质，在《中庸》九经中，处于很高的段位了。

第六篇

好好办事 —— 忠敬无欺,做事有做事的伦理

职场是有伦理的

我和老师聊天的内容以国学和茶为主,偶尔也涉及点儿其他,比如她曾经说:职场是有伦理的。

这句话特别深奥,特别适合我们的职场现状。

理想的工作状态应该是干一行爱一行,现实却是干一行恨一行。很多上班族对自己的工作都表示不满意,有些人看上去明明拥有很好的工作,很不错的老板,很好的薪资报酬,但是,说起自己的工作和老板,都各种牢骚:有抱怨上司没水平的,有抱怨老板偏心的,有看不上自己的岗位和工作的,有厌恶办公室政治的,有看不惯同事的……

虽然不排除职场确实有不合理之处,但这种抱怨和憎恶本身,就是不讲职场伦理的表现。"不往自己喝水的井里吐口水"是最基本的职场伦理啊。

除此之外,还有一种职场无伦理现象非常普遍:

主管刚刚从老板办公室出来,被老板无端地骂了一顿。他立马召集手下人到小会议室开会,也故意找碴儿骂了下属一通。

这样的场景我们再熟悉不过了——己所不欲强加于人。

前不久,我的朋友老王找我分享了他的心酸。在我的朋友当中,老王是发展不错的一位，经营一家房地产经纪公司，享尽了二十年房地产行业的时代红利。上周他去甲方那里提案，因为楼书不符合甲方的调性，被甲方训了一顿，文案被扔在地上。老王窝了一肚子火。恰巧晚上承接他楼书业务的工作室老板请他吃饭，他便把火撒在工作室老板身上，明明定好的吃火锅，他突然变卦，说"吃火锅喝啤酒没品位"，害得工作室老板临时定餐非常头疼。

我对老王说，你这样做是不是不太好？老王霸气地告诉我他的工作就是这样，一边给甲方当孙子，一边给他的供稿方当爷爷。还美其名曰商场生物链就这样，这叫平衡。

这样的平衡令我费解，于是想起了《大学》中的相关内容。

所谓平天下在治其国者，上老老而民兴孝；上长长而民兴弟；上恤孤而民不倍。是以君子有絜矩之道也。

所恶于上，毋以使下；所恶于下，毋以事上；所恶于前，毋以先后；所恶于后，毋以从前；所恶于右，毋以交于左；所恶于左，毋以交于右。此之谓絜矩之道。

这部分内容旨在强调君王平天下所要遵守的"絜矩之道"。絜，度量；矩，画直角或方形用的尺子，引申为法度、规则。絜矩，儒家以"絜矩"来象征道德上的规范，"絜矩之道"是以推己度人为标尺的人际关系处理法则，指内心公平中正，做事中庸合德。

《大学》中的职场伦理

放在职场，这段话大意可理解为：

如果厌恶上司对你的某种行为，就不要用这种行为去对待你的下属；如果厌恶下属对你的某种行为，就不要用这种行为去对待你的上司；如果厌恶在你前面的人对你的某种行为，就不要用这种行为去对待在你后面的人；如果厌恶在你后面的人对你的某种行为，就不要用这种行为去对待在你前面的人；如果厌恶在你右边的人对你的某种行为，就不要用这种行为去对待在你左边的人；如果厌恶在你左边的人对你的某种行为，就不要用这种行为去对待在你右边的人。

这就是职场"絜矩之道"，也就是职场伦理。当然，这里的上下前后左右等方位是一种职位关系。

所以，像我的朋友老王那样，总是把自己从上一级那里受的委屈找下级发泄出来，这是很不符合道德的行为。这就好比人们离婚了，却把从前任那里受到的委屈或不满变本加厉地发泄给现任，这对对方不公平，对自己也很可悲。

当我们被上级"虐待"时，应该怎么办

首先，要做个遵守职场伦理的人，摆正自己的位置，分清"大

小王"。职场伦理有个上下级关系，作为下级，必须尊重上级，要摆正自己的位置和身份，不能冒犯。这里可分为两种情况：第一，假如上级是正确的，即使说话重了点，自己情绪上也要克服一下。第二，假如你认为上级是错的，这里也分为两种情况。一是真错，也不能当众顶撞领导，要尊重他的职位与身份。二是假错，也就是你认为上级错了，但其实站在领导的高度与广度，他是对的。你必须承认这种情况的存在，不要那么自信。

其次，把虐待当作一种资源，用来提升管理能力和修行，甚至还可以实现"反向领导"。这包括两层含义。

一是你的上级待你不好，你感觉到很难受，很窝火，这时候你应该自检：你平时待你的下级时有没有让他不舒服？如果有，那就应该及时矫正，做个和你的上级不一样的好上司，尊重呵护你的下属。也就是"所恶于上，毋以使下"。

二是反思你的下级向你汇报工作时行为有无不当，有没有让你觉得"扎心"？比如你讨厌你的下属汇报延迟，安排的工作有上文没下文，那你应该能想到你的上司肯定也讨厌他的下属（你）这么干。所以，你应该积极汇报，让领导放心，这就是"所恶于下，毋以使上"。慢慢地，你会发现你的领导让你"吃气"的时候越来越少，工作越来越顺畅，配合得越来越丝滑。

而且，不知不觉中，你还会具备反过来影响你上司的能力，也就是反向领导力。

作为职场人，如果我们具备职场伦理意识，遵循"絜矩之道"，那职场生活就是修行，反向领导就是在"平天下"了，如此一来，星星之火可以燎原，你就在缔造和引领风正气清的职场环境。

见不得别人好，职场烦恼少不了

每当开例会的时候，对于那些积极汇报工作，表现优异的同事，你真实的思想感情是什么样的？不要告诉我你"真心喜欢，十分佩服"。其实，大部分人是不怀好意的，这就是职场烦恼的根源。《大学》中也有涉及。

《秦誓》曰："若有一个臣，断断兮无他技，其心休休焉，其如有容焉。人之有技，若己有之。人之彦圣，其心好之，不啻若自其口出，实能容之。以能保我子孙黎民，尚亦有利哉！人之有技，媢嫉以恶之；人之彦圣，而违之俾不通，实不能容，以不能保我子孙黎民，亦曰殆哉！"唯仁人放流之，迸诸四夷，不与同中国。此谓唯仁人为能爱人，能恶人。见贤而不能举，举而不能先，命也。见不善而不能退，退而不能远，过也。好人之所恶，恶人之所好，是谓拂人之性，灾必逮夫身。是故君子有大道：必忠信以得之，骄泰以失之。

什么是"一个臣"呢？在古代，就是最普通，最恪守本分的臣子，在现代职场，可以理解为普通的现代从业者。这段话的内容完全适用于现代职场关系。

我们先好好探究一下原文的意思。

本段内容较长,可分两个部分解读,先来看一下引用《秦誓》中的内容。

"断断兮"是加强助词。"休休焉"是心态平和的意思。"其如有容焉",形容臣子很有度量。"彦圣"是形容人状态非常好的意思,俊美通达。"不啻"是不但的意思。

"实",有确实、实在之意。"殆"是危险的意思。

在关键字义弄清楚后,《秦誓》中的内容可以翻译为:

《秦誓》上说:"假如有一个大臣,非常普通没有什么技能,但心态平和,很有度量,胸怀宽广。别人有技能,就好像自己有;别人才智俊明,他由衷地感到喜欢,不只是在口头上称赞,实际上本心里也能容纳。他这样的人就能保护我的子孙和黎民百姓,而且有利于黎民百姓。如果别人有技能,就嫉妒憎恨而且厌恶他们;如果别人才智俊明,就远离人家,使其才华得不到发挥和重用;这种人不能包容他人,因而无法保护我的子孙和黎民百姓,这就危险了。"

这段话,一下子把我们带入台上握手台下踢脚互相拆台的一些不良职场关系,特别有代入感。每一个单位都有出类拔萃的人,这种人凤毛麟角,常常为平凡的大多数人所不容。比如,开会汇报工作时,我们都不愿意发言,好不容易有个特别积极认真的同事喋喋不休地汇报,我们就把脑袋低下玩手机,故意无视人家的存在。要不然就和要好一点的同事吐个槽,说这个家伙就爱表现、逞能、虚荣。

再比如，公司业务平平，毫无起色，这时候若有上进心强的同事想打破现状，提出新业务模式，大部分人也都背后讥讽人家讨好领导，咸吃萝卜淡操心，因为这样会加重他们的工作量。

再比如，有人在办公室里说领导坏话，造谣生事，假如有个别同事静默，不加入"长舌妇"行列，其他人就会认为保持沉默者是领导的奸细，故作清高，怀疑人家告密，其实，人家只是不爱搬弄是非罢了。

所以，我们对那些追求进步的人，比我们强的人，"媢嫉以恶之"，总是视为眼中钉肉中刺，厌恶之，排挤之，打击之，根本不会"实能容之"。

这样的人，就是职场上的害群之马，作为企业领导，作为从善如流的现代从业者，如何对待这种不能容忍他人优秀的行为呢？这段话的后半段就给出了特别明确的答案。

"唯仁人放流之，迸诸四夷，不与同中国。此谓唯仁人为能爱人，能恶人。见贤而不能举，举而不能先，命也；见不善而不能退，退而不能远，过也。好人之所恶，恶人之所好，是谓拂人之性，灾必逮夫身。是故君子有大道：必忠信以得之，骄泰以失之。"

概括来说，对于害群之马，就是要驱逐、远离，也就是辞退。我们来按照顺序逐句翻译一下这段话。

"放流"，是发遣。"迸"，是驱逐的意思。"四夷"，是四方夷狄之地（《张居正讲解四书》）。

仁德的人会流放他们，驱逐这种嫉贤妒能的人到四夷之地，不与他们同住于国中。这就是说:"唯有仁人能爱护人,才能惩罚恶人。"

"命"读音为 màn,作慢字理解(《唐宋注疏十三经·孔颖达疏》),即怠慢。"过",是过失(《张居正讲解四书》)。

见到贤人而不能举荐,举荐而不能率先任用,这就是怠慢了。见到不善的人不能黜退,黜退了而又不能让他远离自己,就有过失了。

从中可见,仁人不只是老好人,他们是能做到分辨善恶,能治恶人,远离恶友的,是特别有原则的。

所以,一定要警觉我们周围那些容不得别人好的人。他们是害群之马,在单位里经常嫉妒贤能,造谣生事,无事生非,是组织健康的"毒瘤"。所以我们要像远离恶友一样远离他们,如果有职权,可以辞退他们。如果有能力,可以教育治理他们,让他们从善如流。

处理好上下级关系,"君使臣以礼"

职场上下级关系很难处。

上级抱怨下属不听话,不好用;下属抱怨上级脾气不好,心思难猜,不理解人。

我们也经常看见下属背叛上司、员工背叛老板的情形。自爆黑料一下,我也曾暂时性地背叛了我的甲方,而且,是故意为之。

之所以说暂时性背叛,是因为责任我会承担,但时间上不是他要求的立即马上,我故意拖延。

说实话,我内心里也不安,那为什么还会这样做呢?很简单。请看《论语》。

定公问:"君使臣,臣事君,如之何?"孔子对曰:"君使臣以礼,臣事君以忠。"(《论语·八佾》)

这段话,有人把"事"解释为通假字,通"侍",是侍奉的意思。我们还是倾向于简单一点,就是"事",也就是处理"君"交代的事务。大家还把"忠"理解为忠诚,恪守"君"的意思,一切按老板说的办。我们倾向于认为"忠"是中正不阿,把心摆正,居"中"。因此,这段话我们翻译为：

（鲁国）定公问："君主使用臣子，臣子为君主做事，依据什么标准呢？"孔子回答说："君主使用臣子时应该以仁义对待他，要有诚心。臣子在处理君主交代的事务时心要摆正，足够的公允公平，而不是一切唯上。"

上段话对于我们处理上下级关系非常实用。作为上级，你在使用下属时有没有礼待他们？作为老板，你在安排员工做事时，有没有尊重他们？作为下属，你在处理上级安排的事务时有没有把心摆正，有没有藏着掖着自己的才华，为自己的私心私利服务？作为员工，有没有把老板的事当作自己的事去做，有没有把老板的钱当作自己的钱节约？有没有不负责任地糊弄老板，还美其名曰"一切就按老板说的办"？

上司如何对下属行"礼"

先来说说上级对下级的"礼"，其实礼就是诚心的一个呈现，对他仁义，爱护他，尊重他，上级对下级有礼，下属自然会被感动，"投我以木桃，报之以琼瑶"。这样才能"永以为好也"。假如上级无礼，那下级也不是"吃素的"，后果往往很严重。就比如我，之所以作出那个暂时性背叛的决定，其实就是感觉自己的尊严和价值被严重侮辱了，我通过拖延来表达内心的不满。

说起老板的"无礼"，我永远忘不了非典期间，那个和我约在德胜门345车站，对着我哭的老板。

他提着从西单图书城买来的厚厚一摞书，和我约稿。我拒绝了他，因为他已经拖欠我们三个月的工资了。每次都说：你把这个选题做完，我就把上个月工资发给你。

为了拿到被拖欠的工资，我们就接了，可是干完了，拖欠的工资没有发，又接着欠。

见我拒绝了他，他哭了："你看我拎着这么沉重的资料来找你，你竟然不领情，也不帮我。"我不为之所动。

然后他问我："你知道小卢住哪里吗？我让他编撰的那本史书，一百多万字，我给他交房租，管他吃饭，可是他竟然跑了，现在甲方找我交稿，我交不出，怎么办？"

我是知道小卢住哪里的，但我还是对他说"不知道"。

其实，他和小卢的关系我是非常了解的。小卢酷爱写作，尤其爱历史，但凡能吃上饭，就会埋头苦干。我们其他人还时不时向老板催一下工资，小卢从来没催过，他满脑子里只有创作。可是，现在，老板连小平房的房租都不给他交了，他也没钱吃饭了，又赶上父亲大病，急需用钱，所以他只好带着稿子不辞而别，找个买家换点钱给父亲治病。

这就是上级对下属不礼的真实写照。后果是什么，相信大家都能猜得到。

像这样的老板毕竟是少数，大多数老板的不礼都很微妙，一个眼神，一句不屑的话，或者一个摔门的动作，就使得下属感觉到不被尊重、不被器重、不被善待，于是，心里就有了怨。这个怨念就是一粒种子，最终有可能长成毒果。

下级如何对上司尽"忠"

再来说说下属的"忠"。职场上有很多假忠，这些人看起来在严格按照老板说的办，其实既不走心，也不动脑，只是在应付公事，根本没有抱着解决问题的态度来做事。举个简单的例子。

有一次，我们要做个茶试验，分别用矿泉水和纯净水泡红茶，显示它们的汤色区别。

老板安排员工：你去买两瓶水，一瓶怡宝，一瓶西藏冰川。

员工到超市一看，没有这两个品牌，她立即打电话汇报给老板，并提出备选方案："超市里有农夫山泉和火山岩，可不可以？"于是问题顺利解决。

这个员工是真"忠"的。

"假忠"会什么样？老板让买的水都没有，既然严格恪守老板的语言,那就空着手回来好了。貌似也没问题,也很听话。若是被老板问起,也可以两手一摊,冠冕堂皇地说:我照办了啊,超市没有您要的水啊。这事不赖我。

最后我们还要提醒一下,假如你是个主管,你在"礼"待下属时要避免矫枉过正,变得没有原则,没有领导的威严,对下属唯唯诺诺,甚至本来该下属做的工作全落在你肩上。这样的例子也很多。我自己也犯过这种错误。

我在文化公司做过办公室主管。本来也制定了办公室的各项制度,包括卫生制度,谁关灯,谁负责打扫卫生。可是员工真的比我想象的难搞,后来我总是为了他们之间的互相扯皮而伤脑筋,不胜其烦。比如一大早上,刚到办公室,今天排值日的人会投诉昨天值日的人没有把卫生间的纸篓倒干净。而昨天值日的人会解释说他走的时候都倒完了,是不是谁又回来加班搞脏了。

类似这样鸡毛蒜皮的小事弄得我很苦恼,我不喜欢把宝贵的时间花在这上面。后来我就自己干了。一次两次不要紧,长此以往,我就成了干后勤的了:拖地归我,倒垃圾归我,锁门归我,关灯归我,跑外联归我。

我也无数次想过批评下属,但我觉得对员工要"礼貌"一些。所以我就成了老好人。后来我的主管职务被老板撤了。我还挺委屈的,觉得我这么任劳任怨,老板还不保护我。

放在现在看,我当时认为的礼,其实是恶,是领导的不守规矩和失职,不够格。为了厘清这一点,我们看一下我们中国的"礼"

的来历。

按《说文解字》:"礼,履也。所以事神致福也。"最初的礼是指宗教祭祀中的规矩,又历夏、商、周而形成一套典章制度,再后来,历经孔子及其追随者以及孟子及后代的儒家不断充实其内容,成为一套别贵贱、尊卑、长幼、亲疏的社会秩序的制度,即君君、臣臣、父父、子子,各依规矩行事,其含义与最初的宗教祭祀已不相同。

在我们的现实生活和职场生活中,我们认为最基本的礼应该是做符合自己身份和场合的事,言行举止要适宜、得当、得体。不能妄为,不能放逸。所以,礼要合规。主管要有主管的样子和事务,下属要有下属的样子和事务。上级太点头哈腰,也是"假礼",和下级对上级的"假忠"一样。

把"礼制"夯实,公司基本不用管

先生经常进行中外旅游文化交流,有很多次,在探讨文明问题时,被外国朋友问到:据我们了解,你们"中国"在金元时期就被外族灭亡了,你们总说中华文明上下五千年,实际上是不对的,因为"中国"没了,没有记载了,断了,文化就不能那么算了。

这样的问题经过多次,先生的民族自信仿佛有些不足。那次,他从高加索地区回来,又向我转达了这样的问题。刚好我那时候正在重新思考《论语》中的这一句。

子曰:"夷狄之有君,不如诸夏之亡也。"(《论语·八佾》)

这句话,完全可以应对国外友人的疑问。

之所以用这句来解释,是因为我们对本句"诸夏"一词有比较有意思的理解,"诸夏"是个文明的概念,从文明的角度,"中华"从未断过,从未亡灭过。中华文明像草籽一样,它的生命力一直是鲜活的,一直在。而"夷狄"是没有开化的部落,引申一下就是没有礼制的部落,这些部落即使有非常强大威猛的国君,也无法很好地完成社会治理。我们都知道,可以马上得天下,不可以马上治天下,即使骁勇善战的蛮夷之王铁骑踏遍中原,最终还是要推行汉化运动来治理中原、华夏。

因此,本句中,孔子强调了礼制和文明的重要性,一个没有礼制的国家和社会,是无以为立、无法正常运转的。

对于这样的阐释,先生也深以为然,他说以后再出国门遇到类似问题就可以比较科学地应对了。

即使不出国门没有被这样诘问的人,对于这句话,也要多进行反思,我们一直声称自己为华夏子民,不能徒有虚名啊,要问问我们的心,有没有让"礼"根深蒂固,像植物长出藤蔓,贯穿于言行举止的方方面面?倘若我们失去了这些文化的传承,我们就不配自称为真正的华夏子民。比如,看到老人摔倒了就应该伸出援手,而作为被搀扶的老人就应该诚实、感恩。这些美德与文明却要用"证据"来证明,古老的文明美德显然被亵渎了。

那这句话和我们的工作和生活有什么关系呢?无论你是老板还是职员,关系都太大了。

比如我做文案的那家茶室,每年年底,老板都要远行。在她离开的那段时间里,几乎不用特别交代什么,茶室依旧可以有条不紊地运行,甚至同事们干活更自觉了。她看起来什么都没管,但大家都"私自"努力,按照她平时教导的规则和方向一丝不苟地做。

这样欣欣向荣的景象,令我想起我曾经服务过的另一家公司。

2003年的时候,我离开了那家公司。原因很简单:我们洗手用多少水量,老板的老妈监督着;女员工每天上了几次厕所,老板的妹妹监督着；谁工作时间聊了QQ，谁上网查了和工作无关的信息，都有老板的妹夫负责监控。

每个人的一举一动，都被严格监督，工作氛围特别窒息，员工们不适应，老板却告诉我们他这里是出版界的"黄埔军校"。

可是大家的工作绩效并不高，员工流动很大，公司的发展也不好。

对比以上两家公司，茶室就相当于"诸夏"，而自诩出版界"黄埔军校"的那家，就是"夷狄"。它们虽然"有君"，而且好几个"君"，老妈、妹妹、妹夫齐上阵，却不如茶室之"无君"的状态稳妥。

假如你是老板，你更应该懂得塑造"礼"的重要性，只要你能把礼制解决好了，成为员工的基因，那你可以随时度假了。回来一看，每个员工都那么井井有条，人人都可以独当一面。

有人也许说，这得老板和员工都特别搭配了。对呀，我说的就是一个方向，老板该如何管理，员工该如何内训，都要自我要求起来。我们平时都拿"将心比心"来说事，若都能至心诚意地相待，那不就自动完成了管理了吗，还用那些公司治理的书和培训做什么呢？

为什么现在的学科越来越细？这都是没有"礼制"内在约束的结果，越乱越细，越细越麻烦，效果也不见得好。

遗憾的是，现在很多老板还在按照这样的方式在管理，意识不到公司"礼制"内驱力的重要性。出版社的姐姐说，她很累，新冠肺炎疫情期间，每天都要写工作总结。管得严格又死板。总编累，编辑也累。可是我上班的时候，从来不用这样，我会让上司给我一个期限，然后我就根据每个编辑的特长和个性来安排任务，保证提前一天交上，这样大家都很开心，工作也很快乐。

小朋友做作业也一样，假如让孩子养成良好的习惯，不需要所有的妈妈都像班主任一样坐那里监督，你可能会说孩子自觉性差，那就重点培养他的自觉性，这项根本性的工作越早做越好。对症治疗，才不会南辕北辙。

通过上述各个生活场景的分析，大家可以看到，"夷狄之有君，不如诸夏之亡也"不仅是国家治理的事，也完全可以应用于我们个体生活的各个领域。甚至在身材管理方面，规范的坐卧立行姿势也是我们身体身材管理的"礼制"，个体是"君"，只需要把这种"礼制"成为习惯、自然，身体和身材自然会好起来。

"糖实验"证明，贪吃的人难以事业有成

曾亲耳听一位德高望重的长者说：对吃特别苛求的人通常都会有问题。

他故意强调了"特别苛求"这四个字。

我听得特别心虚，特别不服，因为我就是这样的人，一碗粥一碗面，味道不对，都会特别较真儿，一定要吃到可口的才行。而且我也很纳闷儿，因为现在"吃货"很多啊，随着旅游业的繁荣，加上《舌尖上的中国》等美食纪录片，以及美食主播的带动，人们对美食的热情空前高涨。从宏观上考虑，吃是人们的基本物质需求，吃得好身体健康，工作效率也高。

对吃特别在乎的人到底有什么问题呢？长者没具体说，我也不好意思问。但内心一直很怀疑，甚至怀疑那位长者是不是太吹毛求疵了。

直到重学《论语·里仁》，我内心的疑虑才平息下去。

子曰："士志于道，而耻恶衣恶食者，未足与议也。"

这句话可以理解为：孔子说："以行道为志向的士人，却以穿粗

糙的衣服、吃不好的食物为耻辱，是没什么可与他讨论的。"

不是说爱美食就不好，这里有个程度的差别，就是"耻"，既是"耻"，就是特别强烈地抵触，绝不接受，非常极端。

为什么"未足与议也"呢？举个例子，我在很多文旅推广大会上见过很多的美食主播，有个别人饭菜稍微不可口就抨击，抱怨有关部门招待不周，甚至公开发文贬低该地不如另一地的菜系精致之类。这样过分计较吃喝的人，一口饭菜不如意就生恶意，他们能弘扬什么文化旅游正能量呢？有什么可与他们交流讨论的呢？

耻恶衣恶食者，毋宁说修道当圣人君子了，就是你想做个平凡的普通人，也是无法做到的。

过于追求身体的享受会有什么后果呢？

第一，难以成功。

人人都想事业有成，有份好的学业，好的工作，好的生活。可是，你贪吃好穿，"耻恶衣食"，不自律。忍受不了诱惑，受不了"延迟满足"，很难成功。

我们可以结合心理学上的"延迟满足"概念，来说一说对吃穿特别讲究的坏处。

五十多年前心理学界元老级人物沃尔特·米歇尔曾做过一个著名的"棉花糖实验"。

他们随机挑选了一批孩子，让孩子们坐在心理学系实验室的桌前，在桌子上放着一块棉花糖，这是小孩子最喜欢吃的糖果。

实验室的研究人员告诉待在实验室的孩子们，可以有两种选择：

一是吃掉桌上的糖,这样的话就没有奖励了,只能吃这一块;二是先不吃,等研究人员在十五分钟之后回来,这样不仅可以吃到桌上的一块糖,而且还会再被奖励一块糖。

说完这些,研究人员就走出了实验室。

有的孩子挑战成功,有的孩子忍不住诱惑,挑战失败。

接下来的四十年,米歇尔博士一直在关注这批孩子。他发现一个惊人的秘密:那些在儿童时代没有忍住十五分钟就吃下了棉花糖的人,在成年后的发展普遍不如忍住没吃的那批孩子。

那些延迟满足能力更强的孩子在标准化的考试中成绩更高,更加自信,更值得信任,面对挫折的能力更强,并且他们的社交网络更加强大,工作中经常受到提拔,总体生活幸福指数更高。

也就是说,拥有延迟满足能力的人在未来会实现更大的人生成就。

特别贪吃,想吃什么必须立刻马上吃到,一分钟不能耽搁,忍受不了衣食上不够讲究,说白了就是延迟满足能力很差。

第二,危险。

"耻恶衣食者"从心性上来说是好逸恶劳,从生活方式上来说是贪图享受,喜欢奢靡之风,容易滑向犯罪的深渊。这种人为官更危险,往往身败名裂。

宋徽宗之所以成为亡国之君,和其奢靡之气有直接关系。宋徽宗贪图享受,为了活得舒服,专门成立了两个特别烧钱的国家机构。一个叫苏杭造作局,每天役使几千名工匠,为皇室制造奢侈品。所需物料,全向民间征敛。另一个叫苏杭应奉局,负责搜罗奇花异石、名木佳果，供皇上赏玩，凑足一拨儿便用大船往京城运输，场面相当浩大。

所谓上有所好，下必甚焉。王公大臣也都在皇帝的模范效应下，过着奢靡的生活。奢靡之风也渐渐蔓延至寻常百姓家，比如"后宫朝有服饰，夕行之于民间矣"。老百姓出门"必衣重锦"，穿一身麻布衣服，都不好意思出门。

在奢靡之风的腐蚀下，宋徽宗很快就江山不保。

第三，骄慢。

现在社会上有仇富心理，这种心理诚然是不好的，对于他人的名利和地位应该怀有平等心，而且，富人的钱也多是通过自己的智慧和辛劳赚取的。但是，也有个别富人之所以被仇视，和他们本身的骄慢习气有关。因为有钱有势就爱显摆，看不起别人，对那些吃喝用度不如自己的人往往鄙夷不屑。这就难免为自己招致敌意。

因此，即使有钱，有条件吃穿讲究些，也不要"耻恶衣食"，更不要看不起"恶衣食者"，不生骄慢，在庆幸自己有实力享受好的生活条件的同时，对那些生活条件差的人保持尊重。

当然，对这句话的理解也不必局限于吃喝上，诸如克服不了困难、吃不了苦、无法接受不如意的生活条件等都属于"耻恶衣恶食者"。我们打个比方，就比如你想去欧洲，但实际上却连北京城都不想出去，因为你怕外面苦，所以，就甭谈去欧洲的事了，你到达不了远方。这样理解"耻恶衣食"，离我们更近、更励志。

为什么你内容这么好还是无法带动流量

自媒体变现这个话题被炒得很热,有些人变现成功了,大部分人还在拼命经营,而且备受困惑,我听很多个人和组织都在喊冤:我的公众号、视频号内容那么好,为何流量死活上不去?而那些"10万+"的阅读量、几百万分的顶流,是怎样成就的呢?单就内容而言,我的也不差啊!

这也曾是我的疑问。

先生有个公众号,我业余为他提供内容,本着输出正能量让每一个文字都对得起读者的初心,我认真创作。通常每篇文章,都是酝酿多日,阅读学习很多背景知识,文美情真。可是,两年多了,阅读量平平,转发率也很低。

于是我写作的积极性严重受挫,甚至隐隐有点儿气不过:为什么那些内容质量并不高,错字满篇,文不对题的文章,却被人们像打了鸡血一样疯狂点赞转发呢?

当我认真学习了《中庸》中下面的内容,一切疑问都有了答案。

子曰:"素隐行怪,后世有述焉,吾弗为之矣。君子遵道而行,半途而废,吾弗能已矣。君子依乎中庸,遁世不见知而不悔,唯圣者能之。"

"行怪"就是做怪诞的事,用老话说就是"丑人多作怪",现在的话说就是"博眼球""玩花活儿"。

"遁世"就是避世隐居。

孔子说的这段话可这样理解:"探寻隐僻的道理,通过一些独特的言行博取眼球,后世也许会有人来记述他,为他立传,但我是绝不会这样做的。有些品德不错的人按照中庸之道去做,但是半途而废,不能坚持下去,而我是绝不会停止的。真正的君子遵循中庸之道,隐匿于世,即使一生默默无闻不被人知道也不后悔,这只有圣人才能做得到。"

你看,我们做得那么中规中矩,尽心尽力,老实本分,却不为人知,原来是因为我们不会"素隐行怪"啊。我思考了一下,"素隐行怪"在各个圈层都特别能圈粉,眼球经济、流量为王的时代,圈粉就是圈钱。

说说茶圈的事。现在很多视频号发的茶知识视频,煽动性很强,知识量极少。比如那些标题:喝茶的鄙视链你知道吗?喝茶的大坑你坠过几个?甚至为了迎合大众心理进行不实解读,比如在中秋节前,我看过一个茶圈视频号,他在解释"为什么茶饼基本都是375克"时,从三个角度解释,其中之一就是从文化的角度,即3+7+5=15,代表团圆。这并不符合茶文化的传统,是茶商自己造出来的。但很应景,很讨喜,故而能圈粉,能吸人气。

再说说媒体圈的事，那些动辄"10 万+"的公众号，从标题上就"胜"了，请看下面的网络爆文标题：

一个人的上等风水，不是谦虚，不是教养，不是善良，而是……

身边有小人，默念这两句，即刻化解……

这些长寿之道，看后不转发，必遭祸患……

这些标题党，主要抓住了人们的猎奇、贪生怕死、趋利避害的心理，无所不用其极。

再看看热搜榜上的内容，分分类，也无非是名人隐私、男女出轨、贪官落马、天灾人祸等强刺激事件。

总之，我们的网络环境中，充斥着大量让人惊掉下巴的"素隐行怪"。难怪有人说，假如你想暴富，要么制造恐惧，要么制造贪欲。当然，我们也承认确实有很多的爆文确实内容优质，实至名归。

在这样良莠不齐的网络生态下，那些"遵道而行"的正人君子，愈发显得清寂。他们的付出与回报，在短时间内，会有特别明显的不匹配、不平衡，若以名利衡量，严重入不敷出。坚守初心，还真需要点圣人气量。

比如我那位设计师朋友，他做建筑设计，总是从项目本身的特定条件出发，尊重设计理念，尊重业主诉求，不求怪异，不求名，不贪利。每次项目做完，无论名声多么响亮的大项目，她都能在心态上归零。还有我喜欢的茶室主人，依据自己所学的茶知识和以自己喝的标准选茶，尊重茶性和茶的节奏行茶，根据茶友的身心理状态奉茶，综合树种、工艺、冲泡、器皿多方面考量来评茶，不刻意招揽，不逐于利，真的是"遵道而行"的"君子"。更可贵的是，她还是"依乎中庸，遁世不见知而不悔"的圣人。

她对名利毫无羡欲，志不在此，所以不受诱惑。有一天，我问："以你的实力，不止于此啊。为什么不想法弄点动静呢，现在都信奉凡事在于运作，你为啥不交给那些运营平台运作运作呢？"

她淡淡地说："无妨。只是想给大家提供一个品饮的参照标准，仅此而已。"

因为志不在名闻利养，所以很知足。甚至有一次，在新年茶会上，我大张旗鼓地发表感言：新的一年祝茶室大展宏图，财源滚滚。她却略带羞涩地说："嗯，茶室已经很大了。"

她的淡然，显出了我的慌乱。

那像我这样的人，在兢兢业业还是死活干不过"素隐行怪"的情况下，难免会有挫败和伤痛，该如何自我平衡呢？

首先可以在形式上适当借鉴"素隐行怪"，要敢于站出来发声，也就是说，既然你有欲望让别人知道你的"酒"好，那就别藏在"深巷"里了，把巷子深处的"佳酿"往街面上靠一靠，让更多的人知道，也就是要敢于为自己的作品、产品"站台"。之所以提出来这一点，是因为我们看到有那么一类人，他们明明对名利有企图，但又很清高，总是扭扭捏捏的。既然想得到,就要放下架子,勇于站出来亮相。

其次,还是让自己做选择题,自问是要继续坚持君子之风呢,还是随波逐流?听从心灵的召唤自由选择。如果选择以君子之道自修,那当然要遵道而行,切忌半途而废。即使永世不为人知,也无怨无悔,即"遁世不见知而不悔"。坚持君子人格真的很难,但坚持下去,真的可以福慧双修。

贪财好色不是错，须知德为本财为末

假如你看到某个网友的个性签名是：做个俗人，贪财好色。你会作何感想？

很多人不解，我倒是觉得挺真实的，不足为怪。

世人所求，无非财、身命、色也。

为什么把财放在身命之前？不该是身命第一位吗？理论上是如此，选择题时都会这么做大，但具体到日常的行为习惯上，大家还是身不由己把财排第一。

很简单，假如家里着火了，里面有很多金银财宝，大多数人还是要冒险冲进去捞的。

我也一直以为我把性命和健康看得比财重，但一个动作就暴露了。

有一次，我用铁壶煮水泡茶，因为操作不当，手被铁壶烫伤了。

有朋友问："当你感觉到疼的时候，为何不快速把铁壶放下呢？"

是啊，我也在想这个问题，那一瞬间，我也是光速在心里衡量过的：铁壶那么贵，如果松手，一摔坏了壶，二砸坏了地板。于是我还是牺牲了自己的手。

不是这次的烫伤事件，我真的不知道自己也是爱财胜过爱命的人呢。

所以，现在，我们就说说生财之道。

在《大学》中也有明确的生财之道，圣人君子并不阻拦人们创造财富，但重要的在于要知道何为本，何为末。

是故君子先慎乎德。有德此有人，有人此有土，有土此有财，有财此有用。德者，本也；财者，末也。外本内末，争民施夺。是故财聚则民散，财散则民聚。是故言悖而出者，亦悖而入；货悖而入者，亦悖而出。《康诰》曰："惟命不于常。"道善则得之，不善则失之矣。

这段话解决了今人思虑过度的两个和金钱有关的问题：

第一，财富的来源问题。

人人都想求财，可是财从何来？

市面上有很多求财生财的书，书名都特别直白，比如"脑袋决定钱袋""嘴巴决定钱袋""钱是想出来的""多少天赚够几百万"等。纵观过去这些年的财圈，人们积累了许多的生财之道，"精髓"有三：劳动不能致富；要想赚钱多就得脑袋够灵活；马不吃夜草不肥。

也就是赚钱要机灵，要有花花肠子，中规中矩的人是铁定赚不到大钱的。

也就是说，你要想赚大钱，要想发大财，就得偷奸耍滑，不走寻常路。在生活当中，也确实有很多这样的现象。商贩缺斤短两，以次充好，以假乱真，工程偷工减料，是很多人谋取利润空间管用的伎俩。

可是,《大学》告诉我们的是"德者,本也;财者,末也"。君主有德行才有人拥护,有人拥护才会有国土,有国土才会有财富,有财富才能供使用。德行是根本,财富是末事。对于做着发财梦的个人,也是如此。一个人有德,才有人追随,有人追随才有业绩,有业绩才能盈利,盈利了大家才有好日子过。

讲个装修的故事。

一户人家装修房子,因资金有限,就找了一家小型装修公司。

因男主人在外地工作,装修的事就落在了女主人肩上。装修公司就抓住一切可能抓住的机会加钱。比如进料时,因为没有电梯,他们就一层楼一层楼地加钱。轻一些的东西他们会抱怨。若是稍重一些的材料,索性就故意为难,不给钱就给放在空地上,哪怕是下雨。

后来女主人被折腾得不胜其烦,只好换了一家装修公司。

新换的装修公司规模也不大,但有良知有格局。同样的事情这家公司面对时,会舍得吃点儿力气上的亏,施工过程中也处处本着为客户省钱、居住舒适的原则行事。

这样有良知的装修公司,深得人心,后来这户人家的女主人陆续给他们介绍了很多业务,不知不觉中当起了他们的"业务员"。像这样的免费"业务员"越来越多,这家公司的业务蒸蒸日上,早就规模庞大了,而前一家,早就黄了。

无德之人也可能会因为一时的钻空子赚些钱，但投机取巧得来的财富不扎实，丢得也快。而且，因为德不厚，受不住，反而会给自己招来祸患。

比如有些人因为拆迁得了巨款，被财富冲昏了头脑，突然变得豪横起来，做出各种出格的事，最后妻离子散；还有的因为豪赌把父母气没了；还有的因为飙车而身残了。这样的悲剧并不罕见。

所以，钱多未必是好事，钱少未必是坏事，钱多钱少都不是事，而是德的事。只要你的德立得住，勤快有才华，实现财富自由只是时间问题。

第二，财富的流通规律。

还是讲个商业小故事。有一家房地产经纪公司，为了推广楼盘，疯狂搞地推，就是招一些兼职人员在繁华地段发广告，只说自己家的楼盘好，把竞争对手的楼盘贬得一无是处。

通过这个手段公司赚得盆满钵满。

可是很快，公司老板对付竞争对手的这一招被他的竞争对手学去了，反过来用来对付他。所以，他先前赚的钱很快就回流出去了。

挺搞笑吧？这就是个金钱悖入悖出的问题，也就是"货悖而入者，亦悖而出"。通俗一点说，就是财怎么来的就怎么走，横着进的就横着出。所以，君子爱财取之有道。接下来的"《康诰》曰：'惟命不于常。'道善则得之，不善则失之矣"也是强调了这个意思。命运不是恒常的，这里的"道"就是指我们做事情的方法，方法善则得到好的命运（包括财运），不善则失去好的命运。大家只需要看看周围那些通过非法手段获得不义之财的人,看看他们有什么样的生活和身命状态就明白了。

所以,每一个热爱财富的人,都应牢记这段话,用善的赚钱之道来求财,善用财。这样,你的命运和财运才具有可持续性。

事不难办,人难办,难在"言而无信"

很多人都有感叹:想干点儿事真难。

以我自己做事的经验和这些年耳闻目睹的感想而言,不是事本身难,是人难搞,人难搞的根本原因又在于无信,最普遍、突出的表现是说话过于随意,说一套做一套,只说不做。言语没有约束,没个准数,与这样的人合作共事,事情自然没法成。这个道理,在《论语》中说得非常直接,也非常深刻。

子曰:"人而无信,不知其可也。大车无輗,小车无軏,其何以行之哉?"

理解这段话的重点在于三个字:信、輗、軏。

什么是"信"?通常人们理解为人的信用。我们还是从字形上来看更形象一些。"信"是会意字。从人从言。也就是说的话要做到,要得到实现。但要注意,这里的言是心言,心里的真话,也就是说人的行为符合他内心里发出来的声音。

什么是"輗(ní)"?就是古代牛车车辕与轭相连接的木销子。《朱子集注》称:"大车,谓平地任载之车。輗,辕端横木,缚轭以驾牛者。"

什么是"轫（yuè）"？即古代马车车辕与轭相连接的木销子。《朱子集注》称："小车，谓田车、兵车、乘车。轫，辕端上曲，钩衡以驾马者。"

通过对"輗""轫"的理解，放在本段中，"信"也是木销子，是人之为人处世的"插销"，没有这个"插销"，人就散乱一地，不成样子，自然也没法成事。

因此，这段话可以这样理解：

人如果失去了信用或不讲信用，不知道他还可以做什么。就像大车没有车辕与轭相连接的木销子，小车没有车杠与横木相衔接的销钉，它靠什么行走呢？

约束是一种行动的力量，人内心有诚信的理念，用以约束自己的行动，才能有力量，有行动力，才能成事。否则，就疲软散乱，比如一根根稻草或丝线，其力量是单薄的，而把稻草搓成绳子，把丝线编成绳子，其承重的力量惊人。

没有诚信，言而无信的人，没人和他做朋友，更没人和他做事情。

前不久，因为甲方的言而无信，我深受其害，果断终止了多年的合作关系。

我把齐清定的稿子交上后，就殷勤地提醒他尽快给我修改意见。

甲方没有任何回复。

接下来的三个月，我问了无数次。对方只是应付性地"嗯嗯"。

虽然感受到怠慢，毕竟他是甲方，我心想或许不需要改吧。我于是就安排别的工作了。

没想到,半年过去了,甲方突然找我,还要求我两个星期内修改完毕。

可是我已经投身于别的工作,无法在两个星期内完成工作,于是我真诚地请求:"能不能多给我点时间,您要是早点儿给我反馈意见就好了。"

对方说:"我太信任你了。"

如此不近人情的回答,伤害性和侮辱性都极强。之前没有契约精神,之后毫无人情味,这样的客户,没必要继续合作。

也许有人会问,你不在前文讲过无常吗,事情就是变化的呀,那条件变了,出尔反尔也是可以理解的嘛。

需要矫正两点,我们说的无常,首先是用来矫正自我的,不是用来指责别人的。

另外,无常与变化是事情开始时就应该考虑进去的,是基础条件之一,比如你在签订合同时就应该考虑变数,有可能换领导,有可能环境有变,当变化事件出现时,应该有合理的解决之道,而不是不负责任归零。即使有不可抗力,也应当有担当的态度,还有说话的方式方法。

还有人为了逃避信任,在开展合作或者签订合同时故意模糊标准,钻法律或行业漏洞,比如出版界的"改版权",就是个标准很模糊的事情。

朋友遇到了这样一件糟心事,出版社给了他改版权的稿子。改到什么程度？哪里需要改？合同里都没有说。后来改了两回都被打回来了。最终的结果是十一万字的稿子，每一句都要重写。

你看，工作的烦恼，合作的扎心，多在于人言而无信吧。

既然我们都受过不诚信之苦，那就从自己开始，做个有信的人，关于诚信，不用你刻意抽出时间读多少书，你只要能记住"信"的本义就是了：让你的行为符合你内心真实的声音。话要认真说，事要好好做，实在事与愿违也要有正向思维，考虑对方的感受，兼顾双方利益，妥善解决。

凡事都要备好两个以上解决方案

早些年在报社做策划文案工作时,每次被领导要求"你要准备两套以上方案再敲我办公室门"或者"我们至少要带着两套以上方案去见客户"时,我都特别苦恼,非常抗拒。但两套以上方案的重要性却就此印在脑海里。这几年,无论工作还是生活,抑或是社交活动,我越来越感觉到准备两套以上方案的重要性。读了《中庸》第二十章的部分内容,更找到了充分的依据。

凡为天下国家有九经,所以行之者一也。

凡事豫则立,不豫则废。言前定则不跲,事前定则不困,行前定则不疚,道前定则不穷。

这几句话是什么意思呢?

"凡为天下国家有九经,所以行之者一也",可以翻译为:大凡治理天下国家有九条原则(修身也,尊贤也,亲亲也,敬大臣也,体群臣也,子庶民也,来百工也,柔远人也,怀诸侯也),但实际这些原则的方法只有一个。

豫者预也,那"凡事豫则立,不豫则废"就可以翻译为:所有的事情预先做准备有规划就可以成，不做准备不做规划就不成。

"跲"是跌跌撞撞、不顺畅的意思。那"言前定则不跲"就可以翻译为：话说出口之前要想清楚，确定了再说，这样就会顺畅。

"事前定则不困"的意思好理解：决定做一件事情之前想清楚，就不会陷入困局困境。

"疚"的意思是惭愧。那"行前定则不疚"就可以理解为：真正开始着手做事之前方方面面都能想清楚，就不会因事情启动后问题重重而后悔。

"道"是从愿望到目的之间的路径。那"道前定则不穷"就可以理解为：开始动身（即执行）之前确定，就不会出现穷途末路无路可走的窘迫。

在现实的工作、生活中，我们总是提倡有备无患，"三思而后行""丑话说在前头"，把功夫做在前头，其目的就是通过充分的准备，对可能出现的问题和突发事件进行较为全面的预计，以免问题突然出现时措手不及。

这对于我们的生活太重要了。很多人以为自己很聪明，特别相信自己的能力和掌控力，其实，"智者千虑，必有一失"，活得越久，做事越认真，为人越靠谱，你会发现，大部分事情和事态都是我们所不能掌控的。

说两件平凡的小事。

我自幼肠胃功能弱，吃东西格外挑剔，为什么呢？因为吃不对就不舒服，而吃对东西就可以缓解。

这加固了我对饮食的苛求。

特别爱吃江南的新鲜鸡头米,学名芡实,入肾经,补脾胃,非常适合我。鸡头米上市时,我会买许多,冰冻起来。感觉不舒适时,吃一碗,能立竿见影。有时候,我睡觉之前拿出一袋解冻,预计第二天晨起煮食。可是,经常会第二天早晨起来想吃醪糟汤圆或者粥。

你看,说好的清水煮鸡头米,突然就变了。

也不是我的心变了,是胃口变了,这都不以我的个人意志为转移。

再来看另一个生活场景——茶室里的茶会。

茶室每个月都会有一场自己的主题茶会,周六,六人为限。但无论怎么准备,都会变数无穷。有时候因为天气,会临时调整茶品。有时候参加茶会的朋友会因为堵车而迟到,会调整行茶的顺序。有时候会因为人员的"空降"而调整场次。

印象深刻的一次,活动预告一发布,我就匆匆报了名。茶会举办之前的那天下午,一个不太熟悉的朋友突然微信我,说想同我参加茶会。

我问了一下负责人还有没有名额。人家说还剩最后一个。于是我就定好了。这样,五人茶席就变成了六个,茶量和茶点都要变。

夜晚十二点了,微信响起,朋友说因为孩子不上学,她想带孩子和先生一起参加。

我又询问负责人,可不可以临时加人?

对方答应了。这样,六人茶席又变成了八人。

第二天茶会开始的时候,因为参加的小伙伴会因为交通堵塞而迟到，这样，备好的碗泡岩茶会临时调整，先喝壶泡的古树。

而行茶过程中，也会有各种各样意想不到的插曲。比如有茶友弄翻了杯子，有的茶友言行举止过于随意。要不要提醒？何时提醒？如何提醒？都是变数。

经过那一次以后，我发自内心地感慨：一场茶会的圆满举办真心不容易呀。

负责茶会的小姑娘莞尔一笑，说：是啊，所以，要时时迎变应变啊。

这么年轻的小姑娘都知道世事无常，精益求精提高自己做事的能力，真令人佩服。

综上所述，因为生活波涛汹涌，变数无穷，所以，我们才要有应变的意识，迎变的勇气，多准备几套执行方案。才能游刃有余。

仅有一套方案，简直是寸步难行。

比如，你和朋友约好的一起逛街吃饭，朋友也会经常因为身不由己的原因而无法赴约。在无数次放鸽子与被放鸽子之后，我和闺蜜的约会，都是先大概定个目标，比如："近期我们找个周六一起吃饭吧。"大家回答得也都较为谨慎，有的说"没问题"，有的说"我应该可以，但还是提前一天晚上确定"，还有的说"暂且先别算我的数"。

乍看起来你大概会觉得我们很麻烦，约个饭都这么啰嗦。其实，这是最靠谱的做法。如果大家都不懂得"言前定"，就会导致你明明订好了一个十五人的包间，精心点好了菜谱，结果只到了三两个人。

发起饭局的人会很尴尬，说来不来的人会过意不去，酒店商家也很尴尬。

生活就像一张无边的网，我们每个人都是一个点，你这个点的风吹草动会影响一条线、一个面，也就是说，你的言行会影响很多人，你这个"点量"越重，你的影响面越广。所以，我们才应该做到"言前""事前""行前""道前"定一下，这样事情办得会顺利一点儿，心理上波动少一点儿，皆大欢喜一点儿。

所以，事前一定要仔细斟酌。

假如你不想斟酌，不想和别人啰嗦，那也要和自己啰嗦一下：我要承担所有后果。

即使是像准备早饭这样简单的问题，也要备齐两套以上方案：假如我突然不想吃大米饭，我该怎么办？

我们在生活中看到很多人，他们总是对亲人和同事以及领导充满了埋怨，归根结底，还是他们都没有把"凡事豫则立，不豫则废"贯彻到位。这个问题解决好了，心里就会舒坦了。

了解"其机如此",天大的难事秒变易事

中年人的人生字典里,没有"轻松"二字。难题一抓一大把:老人要照顾,孩子要呵护,老板要伺候。老人固执,孩子叛逆,工作难做,样样棘手。

不过,通过这几年的国学学习,我发现,不是问题太难,而是我们智慧不够,天大的难题,也可以易如反掌,关键在于你要明白"其机如此"。

"其机如此"出自《大学》第十章。

一家仁,一国兴仁;一家让,一国兴让;一人贪戾,一国作乱。其机如此。此谓一言偾事,一人定国。

"机",形声字。从木,几声。本义指弩机,弓弩上的发动机关。《说文解字》:"机,主发谓之机。"

"偾",通"奔",是败、坏的意思,就是因言废事。

理解了以上两个关键字,这段话的大意是:国君一家仁爱,一国也会兴起仁爱;国君一家礼让,一国也会兴起礼让;国君一人贪婪暴戾,一国就会犯上作乱。其关键就是如此。这就叫:一句话可

以败坏大事，一个人可以安定国家。

看完译文，我们可以多花点时间来琢磨下"其机如此"这四个字，精妙绝伦，非常实用。它仿佛在提示我们，解决问题的关键有时候就是那么一点点，很微妙细小，但只要轻轻一扣，就举重若轻，天大的难题，不可调和的关系都迎刃而解，比庖丁解牛还容易呢。

一位妈妈因为她的"倒霉儿子"简直要得焦虑症了，严重失眠。

儿子在学习方面挺让人省心的，是个学霸，但有两个"特点"让做父母的无法理解。

一是特别爱黏着妈妈，恋母情结重，让爸爸很"吃醋"。二是特别爱花钱，家里经济条件也是最近几年才好起来的，买什么都爱买国际大品牌，所以父母都看不惯。

比如最近特别爱买运动鞋，追"乔丹"。只要出新款，必须买，还要父母去排队，找黄牛买号，一个黄牛号就要一千多，夫妻俩一直勤俭节约，无论如何都理解不了儿子的行为，于是矛盾爆发了。

妈妈训儿子虚荣，儿子认为妈妈不理解孩子。父亲则娘儿俩一起训，训爱人惯着孩子，训孩子奢侈浪费、虚荣爱攀比。

这位女士说着说着都哭了，她说："他小时候我自己在老家上班，他跟他爸在北京，那时候他挺乖的，怎么长大了变成这样子了。"

女士无心的一句话，我一下子就明白为何儿子有这么严重的恋母情结了，因为"代偿"啊。

"代偿"是一种很常见的心理现象，比如童年未完成的心愿会在长大后，变成加倍的渴望。因为小时候她们母子分离，先生带着儿子在北京上学，所以现在有机会了，就开始"代偿"，爱黏着妈妈。

懂得这个概念后，妈妈顿时明白了，她分享给先生，先生也解怨释结。

再说儿子的"鞋控"现象，其实换个角度分析，他儿子爱买好鞋也是好事，说明他很有眼光，识货，有品位。这种情况下沟通时就不能一上来就批评孩子虚荣。大人容易对孩子做有罪推定，可是我们都不喜欢被有罪推定，被贴上"贪恋虚荣""爱花钱""败家子"，等负面标签。

所以，沟通时要首先表扬他赞赏他的优点，然后从自律与成长的角度切入，提醒他注意度的控制，效果可能不一样。

这位女士换了种思路，换了种语气，换了和孩子聊天的内容，果然一下子就把问题解决了。

还是这个孩子，"鞋控"事件解决不久，因为爱上健身，又要办健身年卡，大人明知道孩子坚持不了，办了也是浪费，若是了解"其机如此"之前，她肯定是坚决制止，把儿子教训一顿。但她现在有了智慧，先让儿子打听一下同学当中办卡的同学都怎样了，孩子回来说："我同学的健身卡都是睡眠卡状态，但我相信自己不会和他们一样。"然后她给儿子商量先办了个十次卡，体验一下，如果体验得好，就继续。结果儿子体验了一次，就主动放弃了。说自己马上读高三了，没时间健身。

设想，假如这位家长还是用从前简单粗暴的方式与孩子沟通，恐怕健身卡又会成为她们家的灾难事件。

所以，我们只需要找到事件的"机"，轻轻一扣，就能把"无解"的难题解决。

现在看来，我们认为解决不了的问题，可以将它看成一把锁。我们认为是死锁，其实都有钥匙的，大多数人不知道有钥匙，也不相信有钥匙。他们认定这是死局，于是失去理智，用蛮力硬敲。即使知道有有钥匙的人，也没有耐心和智慧去寻找，于是我们只剩下愤怒、无助与绝望了。

所以，一定要树立信心：任何事情，都有解决的"机"，然后仔细寻找。

有时候，这个机会不期而遇。

先生爱玉器，前几年跟着"伪专家"学了一些，一开始就走偏了，所以，这些年他买的玉都是假的。但每次和他沟通，都不欢而散，看着家里那一个个成色不舒服的新东西老物件，真是闹心。

都说防伪的最好办法就是看真货，可是我把真货拿到他跟前，也送了他很多书，他不仅不看，还说我买的是假的。

后来我就放弃不管了。

今年秋天，朋友项链的和田玉挂坠断了，得知我家附近有个玉器店，就把他的和田玉挂坠交给我，托我抽空拿去帮她编一下。回家后当先生看到了我朋友的和田玉，突然被吸睛了，凝视了一分钟后，赞许地说："这个成色真好，我觉得我买的是假的，以后可不瞎买了。"

原本只是帮朋友串个项链，没料到朋友的真玉竟然意外地帮我解决了老大难问题。真是意外惊喜，更坚定了我对"其机如此"的信力。

懂得"温故而知新",才能成为"达人"

子曰:"温故而知新,可以为师矣。"(《论语·为政》)

拎出这句,会不会有人认为我侮辱了大家的智商?这句话太简单了,谁不会呢?每当要考试前,老师和家长都把我们抓到书桌前,严厉地说:你要温故而知新。意思是,通过复习旧的知识,从而学到新的知识。

多少年来,我们的父母就是这样教育我们的,为人父母的我们也这样教育自己的子女的。我们都把它定义为一种学习手段,一种获知途径,早就烂熟于心。

可是,如此简单的事情,当我重新思考的时候,却遇到了意想不到的麻烦,连最起码的"故"和"新"的关系我都厘不清。

"温故而知新",那到底是通过温习旧的知识对旧的知识有了不一样的理解,还是通过温习旧的知识而对新知识有了一定的了解,还是随着自己阅历的增加和理解力的提高,对已知的旧知识又有了不同的新感悟呢?一时陷入"剪不断理还乱"的境地。

带着这样的疑惑,学习得格外认真。

要想理解这句话的真实含义,必须要对"温""故""新"有深入的了解。

什么是"温"？"温"的本字为"昷"，最早见于甲骨文，初为会意字，其上部的"囚"，即"泅"的省略，表示小孩洗澡；下部的"皿"，既是声旁也是形旁，是"盆"的省略，表示宽敞的盛器。篆文"昷"，表示加热浴盆里的水，以便给婴幼儿洗澡。

什么是"故"？可以理解为已经发生的事情，或已经呈现出来的现象、纹理、事态。

那么，温故，就可以理解成对已经发生的事情和现象进行梳理、清洗、把其中的脉络厘清，把因果想明白。

什么是"新"呢？"新"就是经由那样的清洗、梳理和因果分析，重塑基础、重建因果，然后就可以得出新的东西。

人们的思想行为总是想求得某种结果，要得到这样的"果"，需要具备一定的条件，找到相应的道路。但是很多时候人们的目的和结果都是脱节的，甚至背道而驰的。因此，通过"温故"，了知原因，调整行为，重塑要素，就能得到一个新的、更为理想的成果和结局。

我们常常说的"复盘"（围棋术语，也称"复局"，指对局完毕后，复演该盘棋的记录，以检查对局中招法的优劣与得失关键。一般用以自学，或请高手给予指导分析），就含有温故而知新的意思，通过对已发生的事情的演练，找出原因，为成功奠定基础。

"温故而知新"不仅是一种学习方法，还是一种日常生活智慧，下面我们以一段家庭关系的修复为例佐证。

一对夫妻总处不好关系，结婚十年了总是闹得不可开交。

突然有一天，这对夫妇又因为鸡毛蒜皮的小事争吵了起来，男主人脾气火爆，摔了些东西负气离家出走。女主人认定男人摔东西和离家出走罪不可赦，决心离婚。

在男人离家出走的几天里，女人一边悲伤一边开始"温故"。

回想这些年，俩人感情生活并无甚矛盾。每次争吵，都是因为"第三者"介入，这个"第三者"有时候是婆家亲戚，有时候是男人同事，有时候是邻居。因此，干扰主要是"外因"。

而之所以受到"外因"的干扰，是因为男人好面子，忽略了妻子的感受。

通过复盘当天的争吵场面，女人发现，她说话也没把握好火候，如果稍微柔软一点，可能就不会造成争吵升级。

还有，男人最近诸事不顺，极有可能摔东西也是为了发泄郁闷的情绪，或者仅仅是情绪失控下的肌肉失控。

通过这样的"温故"，女人认定自家的婚姻连"危机婚姻"都不算，更谈不上"死亡婚姻"了，所以，非离婚不可的想法就慢慢打消了。

然后，新的局面开始了，女人不再一吵架就不想过了，开始柔和地和老公说话，找到了老公能接受的沟通方式。

在此基础上，他们很快建立了温馨和谐的亲密关系。

你看，假如不能"温故"，这对夫妻将长期在水深火热的情感关系中煎熬。

婚姻关系改善后,事业也开始风生水起,就有人请这个女主人去作一次婚姻家庭方面的讲座。女主人没有这方面的演讲经验,过于自谦,她告诉我:"我又没有心理咨询师资格,哪能为人'师'呢?"

我说:"可以为师矣。"

她说为何?

于是我就认真地告诉了她何谓"师"。

"师"在甲骨文、金文中,多写为"𠂤"和"帀"(同"匝",环绕一周),𠂤是小土山,匝是包围。以𠂤作包围,四下里都是小土山,可以理解为"众中尊"的意思。这里的尊者,显然并不是仅仅指学校里的老师的意思,可以理解为在某一方面有突出的能力和修养,智慧足以影响他人的人。

那么如何为"师"呢?若想行师之道,你不仅应该把旧的知识告诉他们,更重要的是要注重于启发,启发他们懂得"温故",复盘,从中"知新",养成这样的习惯。

我想,当这位朋友把她意识到自己的婚姻只是"问题婚姻"而不是"死亡婚姻",通过"温故"而找到了新的夫妻沟通模式和经营智慧,把这一心路分享给大家后,一定会启发大家反思自己在婚姻家庭关系经营中所犯的方向及方式性错误,一定能挽救万千家庭。就此而论,她就是优秀的婚姻家庭之"师"啊。

第七篇

好好处世——能一个人很好，
　　　　也能与全世界拥抱

友谊的小船说翻就翻,因为人人皆有所偏

忽然之间发现,有能聊得来的人,是很奢侈的一件事。现在大家很难一起愉快地玩耍了,甚至是好好聊天,都很难。

即使是非常熟悉的朋友,每次探讨点"公案",社会热点事件,也总是免不了争论,哪怕是说好的"一起探讨",也每每争得面红耳赤,不欢而散。

微信群里,同一件事,不同的意见,说着说着就掐起来了。

随便看一眼微信朋友圈,总有那么一两个人的微信内容令自己不舒服,下意识地或有声或无声地表达着不屑:什么玩意儿啊／什么乱七八糟的东西。随即对发／转微信的人而起了"色"。

茶桌上,原本人家说的是自己孩子的事,自己婆婆的事,听着听着,也会有人看不惯别人处理问题的方式。

包括我自己,原本情商很高,有了一定的成熟度,又注重反省,养成了凡事先问责自己的内省机制,也很难在交谈时保持特别愉悦的感情,从而真正做到求同存异,越辩越明。

这是为什么呢?我在《大学》中找到了尤为犀利的答案:因为我们很容易"辟"。

所谓齐其家在修其身者，人之其所亲爱而辟焉，之其所贱恶而辟焉，之其所畏敬而辟焉，之其所哀矜而辟焉，之其所敖惰而辟焉。故好而知其恶，恶而知其美者，天下鲜矣！故谚有之曰："人莫知其子之恶，莫知其苗之硕。"此谓身不修不可以齐其家。

正确理解这段话的关键，就在于"辟"字。

关于"辟"字，简单一点，是偏颇、偏向的意思。

深入了解的话，就需要探寻一下"辟"字的古字与本义，"辟"字从"辛"（bo），分别区分的意思。因为"辛"在甲骨文中像古代酷刑的一种刀具，劈开的意思，慢慢引申为分开、分别之意。所以整个字形代表的就是人们因为自己的某种知见而在思想感情态度和行为上产生了分别。

对"辟"字有透彻的了解后，那么"人之其所亲爱而辟焉，之其所贱恶而辟焉，之其所畏敬而辟焉，之其所哀矜而辟焉，之其所敖惰而辟焉"的意思就一目了然了，可以理解为：人们会因为亲爱某人某事而有分别（认为他一好百好，无视他的不好，袒护他），会因为很讨厌某人某事而有分别（认为他啥都不好），会因为畏敬某人某事而有分别，会因为过于怜悯某人某事而有分别，会因为轻视某人某事而有分别（产生偏见，不看好）。

因为各人有各人的"辟"，有了分别，有了不同的情感、立场、角度、看法和观点，大家都不在中道上，都有所偏，所以自然话不投机，彼此看不惯，互相容易冒犯。

如果说，以上的"辟"字内容理解起来较容易，"之其所畏敬而辟焉"稍微有点难度，人们为什么会因为畏敬而产生分别有所偏心呢？畏敬不是好事吗？这个我们专门分析一下，比如我们会因为过于畏惧某人而保持距离，不敢特别亲近他，不敢太亲近。我们会因为过于崇拜某人而渴望获得他的好感，在他面前刻意地表现好一点。我们会因为怕崇拜的人批评我们而弄虚作假。这样是不是就好理解了？

这里，我想分享两个我自己的成长故事。

孩童时候，我对哥哥一直很畏敬，他智商很高，又有才华，当然，对我要求也很高，很严厉。但是，这种畏敬却成了一种负担，一种惧怕。

因为过于惧怕，学习成为一种负担，因为要接受检查。

在每做一件事情之前，都会陷入万一做得不好会被怎么评价和惩罚的深渊。也就是说，这种惧怕的情绪让我偏离了学习这件事情本身，成为一种压抑与束缚，影响了我在学习上的发挥。

还有一个人际交往的小故事。我在杭州有个朋友，虽然只有几面之缘，但互有好感，素心同调，惺惺相惜，彼此很珍惜。至今，朋友还耿耿于怀那次我去杭州拒绝她聚餐的邀请。

因为朋友茹素，而我吃肉，所以同她吃饭我觉得不自在。若是不在意的人，倒也无妨。因为喜欢加畏敬，却多了一些不自在与刻意的躲闪。

这都是"之其所畏敬而辟焉"在个人现实世界里的示现。

如何克服"辟"一起愉快地玩耍呢？其实这段话中已经有很好的"解药"。

好而知其恶，恶而知其美

因为"辟"如此普遍，故而"故好而知其恶，恶而知其美者，天下鲜矣"！意思是说，世上很少有人能在喜欢某人、事、物的同时知道其缺点，在厌恶某人、事、物的同时知晓其优点。反过来说，假如我们能做到在喜好一个人或某事物的时候知道其缺陷，不喜欢一个人或某事物的时候知道其优点和美德，那我们就离中庸更近，更接近君子人格。能做到这一点，你的心域会更辽阔，待人接物会更客观平和，与外界的摩擦减少，和谁都能愉快地玩耍了。

知其子之恶，知其苗之硕

人们最根深蒂固的"辟"存在于自己的爱子和财产上。"爱孩子这是母鸡也会做的事"，作为人，最偏爱的就是自己的孩子。"人莫知其子之恶"就是因为"亲爱"而"辟"之，溺爱、袒护，看不到孩子的缺点和恶。人"莫知其苗之硕"可以直译为"人都不满足自己庄稼的苗壮"。其实,这里的"苗"可以引申为"我所有"的一切,因为有了私欲,所以总觉得自己的"苗"不够好,不知足。在觉得"苗"不够好时又生出嗔、痴。

我们最亲近的人和我们因缘最深,也往往是我们自我调节和修身的最易入手、最得力的工具。假如能以孩子这一大"财宝"为"抓手",克服自己的"辟",就能很好地修养自身,就能管理好家庭和家族了。大家可以看一下那些知道孩子缺陷、承认孩子不好的家长,其胸襟往往比较开阔,对孩子的教育也做得比较好。而能知其苗之硕的人较有远见卓识,更能行稳致远,生活的幸福度也高些。

再回到开始的话题,要想和众人愉快地玩耍,还是得修身啊,尽可能地纠正自己的"辟"。这样才能和谐、愉悦、坦荡。无论和谁坐在一起,聊什么天,都很舒适自然。

过度关切自己，导致遍地是戾气

戾气重，也是社会风气的一个突出特点。

我们擦肩而过的人，脾气越来越不好了，社会的宽容度越来越低了：

地铁上，因为座位空间面积的大小，说着说着打起来了；

因为你的包蹭了我一点，也吵起来了；

也有开车的朋友，不知怎的就被后车揍了。因为后车觉得前车故意别他，其实前车根本没有。

关于这些问题的症结，孔子早就有言。

子曰："不患人之不己知，患不知人也。"（《论语·学而》）

这句话的意思是说，不要担忧人们不了解自己，要担心自己不了解别人。那些"暴脾气"都是先入为主，因为他们太关注、"关爱"自己了，从来不试着了解他人和外环境，一不满意就大发雷霆。这样的人多了，就造成了"遍地戾气"的局面。

过度关切自己，是时代之病

好友发给我一篇鸡汤文，说这个标题好，让我写作时参照。

不得不承认，作者确实很有经验，标题起得很抓眼球：很少有人关心别人的事，大家都关心自己的事。

这个参照物给了我的写作一定的指导，提示我在著书时，目录上要注意可读性，内容上一定要多顾忌读者的感受，解决他们的生活难题和心理痛点。

但从社会的主流思想上，人人都关心自己的事，不关心别人的事，并不是好事。

请看一个年轻妈妈的生活有多艰难。

一个年轻妈妈无法平衡各种家庭和工作关系，得了轻度抑郁症。她见人就和别人倾诉：

谁能理解我是个教育内卷下的孩子家长？

谁能理解我是一个负责任的中学老师？

谁能理解我是我们学校的学科担当？

谁能理解没人帮忙带娃的不易？

谁能理解我老公比我还忙？

……

这哪里是倾诉？简直是控诉。

任何人听到这样的控诉都会特别不舒服，都会想教训她：你凭什么要求别人理解你？

你有没有理解过别人?

谁不是负重前行?

因为她只关心自己的事,她的痛苦被无限放大了,大得看不到别人的爱、别人的辛苦,在她眼里,全是自己的委屈。而所有人,包括至亲,都成了她的"债务人"。

这样,真的好吗?

一个向全世界讨债的人,满腹的自我怜惜感、被亏欠感,心里严重不平衡,活在痛苦中。

这样的人不少,所以,过度关切自己,是时代之病。这些人应该淡化一下自己的感受,多关切一下别人,自己成为自己的小太阳,也送给别人一束光。

人际沟通问题,说到底还是"不知人"的问题

现在,人际关系上的沟通不畅,不仅是亲密关系经营之"癌",也是公司运营之"刺",很多职场人士都抱怨"活不难干,难的是关系",工作内容本身大家都不排斥,令人烦恼的是同事关系和上下级关系难处,尤其是中国式职场,沟通成本太高,内耗太大。

沟通难,说到底也是"不知人"。

几乎每一个长大后的中国人都有一个共同的烦恼，就是讨厌父母"会过日子"，太过节俭。子女与父母之间的怨气很重。其根源也是自己太过知道自己，只知道自己的成长背景、性格特征和时代背景，而不知人，不知父母的成长背景、时代背景以及性格特征。我们都太熟悉自己的身体和知识结构，比如营养要全面，怎么吃最好，可是，我们真的不知道物资匮乏的年代是真的吃不上东西。所以，他们的成长过程不为子女所知，心理阴影不被子女重视，我们以自己这个时代的标准去要求他们，又没有耐心沟通，定然会出现问题。

当然，也不是说父母故意过苦日子就一定对。父母也应该努力地向新时代靠拢，更新自己的知识体系和认知系统，与时俱进。也要学着知人，知后人，这是非常重要的。

职场上也是这样，每个人只强调自己的付出和难处，只考虑本部门的利益，没有考虑同事的工作，没有站在老板的角度思考，自己并不"知人"，却一味地要求别人"己知"，显然也是不对的。

其实，再探究一下，"己知"与"知人"其实是利己与利他的关系问题。"不患人之不己知，患不知人也"，是我们为人处世一个特别重要的方法，用好了能使我们在各种关系场合游刃有余；而在国家治理上若运用这个思维，国际关系也会畅通许多。这个方法被我们的国家领导人所看重，2015年11月7日，习近平主席在新加坡国立大学的演讲中就引用了"不患人之不己知，患不知人也"，旨在勉励两国青年要加强交流,加深对彼此国家历史文化的了解,加深对彼此人生追求的了解,互学互鉴,增进友谊。

可见,"知人"是一种利他思维,是一种谦虚、开放、善于学习的优雅姿态。

一旦"放于利",心里满满的怨气

怎么也想不到,她的婚姻关系会出问题。而且是出现这样的问题。

那时候,我的新书《一别两宽》刚刚出版,是关于危机家庭关系处理的,手机响了,一个陌生的号码,接通,一个说话带着醉意的女人。

"你这本书我买了,我觉得该给我老公看看,让他和我一别两宽。"号码陌生,但声音熟悉,是我同学小A。

我问她:你们俩是我最羡慕的夫妻,有什么问题吗?

其实她家不是没问题,是一结婚就出现了许多的问题,但她老公自己收敛了,小A大气,属于不那么敏感的女人。所以,日子越过越好。这几年,同学中就数她家婚姻平顺,夫妻和睦了。

她说:"这些年他私下给他姐很多钱,我都没计较过。现在孩子考上大学了,要用钱,我就把我知道的那一笔给他提了下,我问还了没有。他就给我算账,说我家买房他弟赞助了两万。可是他外甥看病,我还张罗找医院花了钱呢……"一听又是亲人之间算账的纠葛,我也一阵头疼。这两年,听说了太多亲人之间算账而分崩离析的事。而且,有一个特别有意思的现象,凡是亲人之间算账的,各人有各人的算法,很难清算,越算,越觉得自己亏。想解决,就看谁能放下了。

一个大女人，因为一时算计，钻了牛角尖，连续几个晚上喝闷酒，还动了离婚的心思。这太可惜了。

怎么劝她走出阴影呢？我还是想用《论语》上的内容试试。

第二天，她酒醒后，我就给她看了下面的内容。

子曰："放于利而行，多怨。"（《论语·里仁》）

"放"的本字是"方"。方的本义是表示被批枷流放的罪人。引申义为置于某种状态，任其自由。"放"经常和"纵"连起来使用——放纵，其实，"放"和"纵"是两个意思，"放"有主动的色彩，就是不管了，不去控制管制自己的念头和行为。而"纵"有被动的色彩，是纵容。因此，这句话就可以理解为，放弃对自己思想和行为的约束，被利益所操控，就会生出很多怨。

再来看一下这个"怨"字。"怨"字是夗和心组成。夗是身体侧卧弯曲的样子，怨的意思就是心里思来想去、翻来覆去、算不明白这个那个的账，也就是计算得失、权衡利弊、内心不平静的样子。内心有怨气的人夜晚翻来覆去睡不着，完全符合"夗"的形态，非常形象。

是啊，你看像我同学那么简单粗线条也很孝敬的一位新时代女性，因为算计，怎么都觉得自己亏，算来算去算不完，越算越糊涂，越算越多，越算心理越不平衡，怨气冲天，想要和丈夫彻底拉倒。

我说，如果你不能正确地处理"利"的关系，弄不明白"放于利而行"，心里的怨气不消，即使分别了你也无法两宽，而且会因为更多的利益纠纷生出更多的怨。

怎么解决她的苦恼呢？我劝她主动放下，不要算了。承蒙她的信任，果真这样做了，真的就解脱出来了，反而得到了更多，得到了健康，身体上的各种结节慢慢都消退了，还得到了先生的爱和大姑姐的感恩，其实后来钱也还了。

还有一点需要提醒大家，这里的"利"不一定是金钱利益，还有其他利益，我们现在一看到"财"和"利"这样的字眼，就直接和金钱挂钩，其实不是的。利可以是各种利益。

为什么要特别解释"利"的范畴呢？因为有的朋友并没有算计金钱，但算计别的了，内心里也有很多怨气，却不知道原因在哪里。

比如有个姐妹的先生想跨界转型，想花两年的时间充充电，这就意味着两年的时间内先生没有收入。对于先生的职业规划，姐妹是支持的，不介意老公暂时没有收入。一开始两个人相安无事，但很快就乱成一团，姐妹看见丈夫就心生厌烦。后来她苦恼不已，就找我念叨："你说我不在乎他功成名就，不指着他赚钱，我怎么就横竖看他不顺眼呢？"

我让她举个具体的例子，具象地表达下看不惯他什么。她说："比如我看不惯他不做家务，家务做得少，总把我拾掇得好端端的家给我弄乱，诸如此类。"

其实，嫌先生不做家务或家务做得少也是一种"利"，也是一种

"算计"。虽然这姐妹和我同学小 A 算计的"利"的内容不同,但本质相同,都是"放于利"。当然,其结果也一样,满腹怨气。

关于算计,还有一种特别隐秘有意思的情况,那就是我们平时根本没有意识到自己在算计,有朝一日被某一个事件触发,才发现自己的算计早已在心底长成了须弥山。比如,有两个人平时一起愉快地玩耍了很多年,一起吃一起喝一起旅游,谁都不算计。突然有一天他们因为某事而有了罅隙,连帮对方开了多少发票,哪次一起去西北住宿费对方少交了五十块钱都算得清楚着呢。真让人惊掉下巴。

对于这个人而言,他付出的点点滴滴其实都拿小本子记着呢,不算是因为不想算,一旦"机会"来了,就掏出来算了。那也是"放于利"。而且,嗔念一起,"利"会在瞬间呈几何倍数增长。

人一旦被怨气控制,心地就不平整了,心地不平是长不出好东西来的。

当我们内心不平静的时候,不妨好好盘问自己,是否处于"放于利"?

越麻烦,越要保持简单,"不思而得"

一个朋友,在帮平台写公众号文章时,为了说明一个道理,引用了一个小故事,因为大意没标明出处。结果作者起诉平台,平台追她的责。不仅中止了合作关系,还被加倍罚款。

她郁闷极了,觉得自己是任人宰割的小白羊,太单纯了。一时间,涌现出万种情绪,懊悔、委屈、羞耻、不公、怨恨、悲愤,特别复杂。

又生出种种念想:要不要另行起诉?如何承担这法律后果?要不要分担?有律师告诉她,平台和她签署的那份委托合同也是有问题的。她可以不承担全部责任,如果自己起诉,也有一定的权益争取空间。

这些负面情绪一时无法消化,知道我对经济法有一定的了解,所以,过来找我解忧。我同情她的遭遇,但从法理上看,她的遭遇又实属应当。

她说法律规定的答复期马上要过了,当务之急是要决定要不要采取行动,要不要承担全部责任。她很纠结,怎么做都不舒服。

我用《中庸》中的话简单地回答她:不思而得。

她怀疑我故意卖关子,但在我解释完具体的含义后,她顿时心开意解。

"不思而得"出现在《中庸》第二十章中。

《中庸·第二十章》：诚者，天之道也；诚之者，人之道也。诚者，不勉而中，不思而得，从容中道，圣人也。诚之者，择善而固执之者也。博学之，审问之，慎思之，明辨之，笃行之。

有弗学，学之弗能，弗措也；有弗问，问之弗知，弗措也；有弗思，思之弗得，弗措也；有弗辨，辨之弗明，弗措也；有弗行，行之弗笃，弗措也。

人一能之，己百之；人十能之，己千之。果能此道矣，虽愚必明，虽柔必强。

怕她没有耐心听太多，我一开始只是摘出"诚者，不勉而中，不思而得"这部分和她讲。从字面上理解，大概就是内心至诚的人，不用特别勉强就能做对，不用苦心积虑地思考就能得到正确答案的意思吧。

"虽然不太懂，但这种境界是我特别向往的，能做到吗？要怎么至诚呢？"

看她确实有兴趣，于是我就把这些话全部解释了一遍。

"诚者，天之道也。"意思是，诚就是天道，是上天运行的法则。

"诚之者，人之道也。"以"诚"处理所有外部关系，就是人应该遵循的路径。

"诚者，不勉而中，不思而得，从容中道，圣人也。"因为做到了诚，所以可以不必勉力强求即可达到正确的抉择，不必刻意思虑即可成事，自然而然地就顺应和成就了中道，这就是圣人。有点类似于"人类一思考，上帝就发笑"。很多事情，我们一刻意思考，那就是不明，就有分别，就不自然了，这种弄巧成拙刻意为之，往往会谬之千里。

"诚之者，择善而固执之者也。博学之，审问之，慎思之，明辨之，笃行之。"以诚为人处世的人，选择善知识并且坚信它，坚定自己的信念。"博学"就是广泛全面地进行学习，类似于佛法上的"深入经藏，智慧如海"；"审问"就是详细深入地进行探求；"慎思"就是严谨务实地进行思考；"明辨"是正确清晰地进行判别。"明辨"看起来很好理解，就是明确地进行分辨，其实我们大多数人都是用无明之心去固执地分辨辩解的，不信你私底下自己好好琢磨看看。"笃行"是专一沉着地付诸行动。

"有弗学，学之弗能，弗措也；有弗问，问之弗知，弗措也；有弗思，思之弗得，弗措也；有弗辨，辨之弗明，弗措也；有弗行，行之弗笃，弗措也。"在古文中，"弗"是否定词，是"不"的意思。理解这句话的关键在于"措"字，"措"就是归位的意思，归位中道。理解了"措"字，那这句话就好理解了，可以翻译为：有可取之处不学，学了以后做不到，是不对的；有不明白的不问，问了以后也不知，马马虎虎的，也不符合中道；有存疑的而不深入思考，思考了也没有得出结果，是不对的；有不清楚的不继续辨别，辨别后还是稀里糊涂的，是不对的；有事情需要去做却不做不实行，实行却不扎实没有成效，也不是中道。

"人一能之，己百之；人十能之，己千之。果能此道矣，虽愚必明，虽柔必强。"这句话比较好理解，意思是，别人一次能做到的，我用百倍的功夫，别人十次能做到的，我用千倍的功夫。如果真能这样做，即使愚笨也会变得聪明，即使柔弱也会变得很强。我们要特别强调一下这个"柔"字，因为生活中我们常把"柔"和"弱"连在一起使用，说"柔弱"，使用久了，一说"柔"我们就和"弱"等同起来。其实，"柔"并不弱，是特别有弹性能耐力的一种力量，就像君子之道一样，君子并不是没有立场的老好人，不是软弱无能，而是特别有智慧有力量的圣明之人。

认认真真地分析了一番过后，和原来相比，我和她也算是"博学之"了，然后，我们开始认真喝茶，一边喝茶一边消化刚刚所学，茶香弥漫的当儿，我帮她进入自我审问、慎思、明辨的阶段了，要想"不勉而中，不思而得"，必须还原到至诚的状态，归位中道。

怎么帮她做到"诚"呢？结合了一点法律知识，我是这么启发她思考的。

其一，"莫伸手，伸手必被捉"。你看，你确实用了原告的知识，确实不应该，你不知道不等于你是无辜的，对吧？那既然如此，遇事后的第一反应应该是忏悔、抱歉，而不应该是"为什么我这么倒霉""我好委屈"。

其二，因为你的疏忽，给平台造成了名誉损失，既然内容是你提供的,你就是责任的源头啊。承担责任是应该的。你现在犹豫着用利用合同的漏洞来减轻责任,从法律思维上没错,但从天道的"诚"上,显然是人心狡猾了。

其三,你有不舒服的情绪也是正常的,因为,人是趋利避害的动物,你我概莫能外。现在遇到不顺、挫折,肯定会有挫败感,难受,想哭,这都正常。所以,也没有必要强迫自己快速开心起来,你需要一个消化的过程。所以,要对自己多一些耐心。你可以拥抱那个受伤的自我。

说到这里的时候,她失神的眼睛突然神采奕奕,人也兴奋起来,坚定地说:"不想了,我的行为我负责。好好喝茶!"她想通了。我分享的热情更高了,为了进一步巩固她的认知,我又将"贱货而贵德"分享给她,别把钱和财物看得那么重,要把道德看得更尊贵。

我们彼此拥抱,相视而笑,伴着窗外的绿树浓荫,松涛阵阵,我们愉悦地试新茶。

又消磨了一会儿光阴,她一蹦一跳地回家了,像一只欢乐的兔子。

五分钟后,我看到了她的微信朋友圈:

原来人生还可以"不勉而中,不思而得",霞光满天,我一身晴朗,重学《中庸》,这真是一次奇妙的思想旅行呀。

我这么看着,感受她的喜悦,内心也铺就了一层白月光。感慨着古老的文字,因为今人的热爱与受用,"绿叶发华滋"。

求人不如求己,《中庸》中的先知先觉

那年春节,去甘肃看望师父。

返程的路上,表弟问我:师父会算命吗?

茫茫戈壁,昏昏欲睡,表弟的问题把我惊醒了,真没想到,90后、理工男也有算命的想法,真是令人意外。

但转念一想,算命的想法光临过每个人的人生。通常是在我们山穷水尽时,求而不得时。

小时候,是大人给我们算,算前程。

比如我,小时候,邻村有会算命的盲人,据说挺灵验,高考之前,我妈就偷偷找出我的作业本当参照,给我算命。因为算的结果不理想,气得我把算命先生撵走了。

上大学的时候,自己算,算爱情。

大学宿舍里,一米宽的单人床,一副破扑克牌,能被舍友们消磨一个通宵。通常算的是有没有人暗恋我,我和谁能成。如果一遍算不成,那就两遍,直到把暗恋的那个男生和自己算成。

有意思的是,工作后,我还阴差阳错地结识了一个以算运程为商业模式的生意人。

有一次,朋友给我引荐个项目,有位周易大师,要写本关于名

字、风水类的书。

大师资金实力挺雄厚，在国贸商圈某大厦拥有一整层的办公区，核心业务是改名、看办公室和居家风水。在"秀肌肉"环节，他告诉我他的收费相当之贵，改个名字要三万块钱。

我懵懵懂懂地问大师："业务"好办吗？

他自信满满地说：再强的人只要遇到几次挫折，再大的户只要连续出上几桩倒霉事，都会有求于我。

这话我信，在命运的无常面前，人们恐慌又无助，会本能、无端地寄希望于一种超自然的力量，帮自己摆脱、改变。

真的管用吗？

我"有幸"亲测了一下，全是套路。

那天，在结算稿费环节，大师"不讲武德"，佯装最近现金流紧张，想给我算算运程冲抵部分劳务费。

我本来是一口拒绝，可是听他说"近期你有三个地方千万不能去"，我立马犹豫了。不得不说，"标题党"的力量不可小觑啊。

于是我答应了，听他仔细分解。

他一顿玄乎其玄地说道后，告诉我，这三个地方是：医院、殡仪馆、法院。

这三个地方还用他算吗？凭常识也知道都不是什么欢喜之地呀，若不是不得已，谁会去那里？

好吧，原来这位"运程"先生，是这样招揽生意的，堪称"标题党"的元老。

从那以后，我看透了算命的本质就是"骗术"。

可是，人到中年后，我倒是越发地相信人自身的感知、直觉、第六感之类。通常，平白无故闹心的时候，真的很快就会有不太好的事情发生。莫名其妙地开心时，真的会有好事降临。有时候，家里家具摆设或者饰品看着不舒服，就自动调整，调整后，舒心了，整个家的氛围变了，然后做事情真的会顺利了。

后来，爱上茶，又有了新的感知，每当需要作出决定又心绪凌乱时，会认真地喝茶，一般情况下喝茶的过程中有种特别放松的感觉，什么都在想，又什么都没有想。通常，一泡茶下来，该不该做，该怎样做，就自动有了答案。而且，还都是对的方向。

这大概就是人们常说的静能生慧吧。可是，读了《中庸》中的一些内容，对于个人对命运的感知，我又有了新的发现。

至诚之道，可以前知。国家将兴，必有祯祥；国家将亡，必有妖孽。见乎蓍龟，动乎四体。祸福将至，善，必先知之；不善，必先知之。故至诚如神。

蓍龟是蓍草和龟甲的合称，蓍草是古代的神草，与龟甲一起用以占卜国之大事。

这段话实际上讲明了蓍龟之类可以预测的理论依据。这个理论依据是什么？就是至诚。人能达到至诚的境界，就可以前知，所谓前知，事实上就是可以预知事物未来的发展趋势。国家将要兴盛，就一定会有吉祥的征兆出现；国家将要灭亡，就一定会有妖孽出现。这种祯祥、妖孽，可以通过蓍龟表现出来，也可以通过四体表现出来。此处的四体，并不仅仅是两只手两只脚，它包括体、相、音、形等，这些都可以用来前知。

国家如此，一切事物的发展都是如此，因为国家是事物之大端，所以在这儿只举出国家来说明问题，这就像有人举天地来说明问题一样。同样，人的祸或者福将要发生的时候，善，也就是好的情况，一定能够预先知道；不善，也就是坏的情况，也一定能够预先知道。所以说人能达到至诚的境界，就如同神明一样，可以先知先觉。

那么，人能做到至诚后为什么可以前知呢？

这就涉及《中庸》中的以下内容了。

唯天下至诚，为能尽其性；能尽其性，则能尽人之性；能尽人之性，则能尽物之性；能尽物之性，则可以赞天地之化育；可以赞天地之化育，则可以与天地参矣。

前文我们说过，诚是天道，是天地运行的规律，是事物的本然状态。所以说，只有天下至诚之人才能充分发挥他的本性；能充分发挥人的本性，自然就能充分发挥众人的本性；能充分发挥众人的本性，自然就能充分发挥万物的本性；能充分发挥万物的本性，就可以帮助天地化育生命；能帮助天地化育生命，就可以与天地并列为三了，也就是与天地合一，洞察天地化育生成的规律，就自然可以预知事物发展的趋势，预知事物发展的状况，也就是可以预测了，也就是会"算命"了。

反之，不能做到至诚的地步就不能明性，不能预知。

因此，求医不如求己，求人不如求己。"算命"也如此。

"明哲保身"不是自私，是大爱

你有没有这样的经历：明明是劝告别人，帮别人，说着说着不知怎地就把自己给狠狠伤了。

比如闺蜜向你吐槽她的老公，你当和事佬劝慰她："你先生其实也不错的。"她会回你："你是我的朋友为什么向着他说话？"

朋友向你吐槽他儿子，你吸取上次的教训，这回顺着他说："对，你儿子是该严加管教。"他会说："我儿子挺优秀的，还用得着你批评？"

往往是这样，别人给你诉苦，你沉默别人会说你冷漠，你选择旁观者清、说点儿真心话别人会黑你，你说点儿假话别人又说你虚伪。热心大姐、大姨、大妈不好当啊。

假如你是那种特别容易共情的人，情况会更糟。

比如，一个老乡要离婚，她的妈妈要我劝劝她，别这么草率。结果说着说着这个女人的三观直接让我崩溃，她的不自重以及对于孩子的无情让我义愤填膺。可怜她的妈妈，同情她的孩子，担心她的未来……而且，对于我那些劝告的话，她也非常不屑。

你看，本来是劝别人，自己却遭殃了，情绪陷入泥潭。

如何开导自己呢？我想起了"明哲保身"这个成语。

可是立马又反问自己：哎呀，要是陌生人我也能做到明哲保身，可这是我挺好的朋友啊，我做不到事不关己高高挂起。

那是不是我对"明哲保身"理解有偏差，把它的意义矮化了呢？

看来十分有必要找到"明哲保身"的"出身"。

国有道其言足以兴，国无道其默足以容。《诗》曰："既明且哲，以保其身。"其此之谓与？

不要一看"国"字就给这句话贴标签，认定这是在讨论国家大事，我们一介草民的私事不适用。其实，既然是智慧，那于国于家于个人都适用。应用到个人身上，比如我现在的烦恼，小老乡"有道"，我劝慰她的话足以兴，足以让她明白事理，日子兴盛，事业有成。她"无道"，我说的话她根本听不进去，起不到作用，还反过来责怪我。我就不如不说，点到为止就够了。保持沉默，理解她的痛苦，同情她，这样反而更好。对她好，对我也好，我不扰触她，也保护了自己。这就是明哲保身了。

真正的君子，其实是"极高明而道中庸"。

既然这段话这么好，那索性就把全文都学习一下吧。

大哉圣人之道！洋洋乎！发育万物，峻极于天，优优大哉！礼仪三百，威仪三千，待其人而后行。

故曰："苟不至德，至道不凝焉。"

故君子尊德性而道问学，致广大而尽精微，极高明而道中庸。温故而知新，敦厚以崇礼。

是故居上不骄，为下不倍。国有道其言足以兴；国无道其默足以容。《诗》曰："既明且哲，以保其身。"其此之谓与？

如何理解这些话呢？我们分几部分为大家解释。

"大哉圣人之道！洋洋乎！发育万物，峻极于天，优优大哉！礼仪三百，威仪三千，待其人而后行。"这一部分是形容圣人之道的广大与美好的，广大无边，生养万物，和天一样高，慈悲优游。礼仪三百，威仪三千，都是形容圣人的威严与戒律，令人望之俨然。这样的圣人之道有待于世人来效行。

"苟不至德，至道不凝焉。"如果不具备崇高的德行，就不能凝聚极高的道。

"故君子尊德性而道问学，致广大而尽精微，极高明而道中庸。温故而知新，敦厚以崇礼。是故居上不骄，为下不倍。"这部分比较好理解，可以翻译为：所以，君子尊奉德行，善学好问，达到宽广博大的境界同时又深入到细微之处，达到极端的高明同时又遵循中庸之道。对已经发生的事情和现象进行梳理、清洗，然后得出新的东西，用质朴厚道的态度尊崇礼仪。这样，在上位时不骄傲，在下位时不自弃。

"国有道其言足以兴，国无道其默足以容。"国家政治清明时，他的言论足以振兴国家；国家政治黑暗时，他的默然静寂也能包容万象。

"《诗》曰：'既明且哲，以保其身。'其此之谓与？"是什么意思呢？重点要理解一下这个"哲"字的义。"哲"就是通达事理，因为前文我们讲过了至诚就有先知先觉，那么"既明且哲，以保其身"就可以理解为既明智又通达事理预知变化，可以保全自身。"其此之谓与？"是总结性的陈述，就是"这个问题很重要啊"！

所以我们成语有个"明哲保身"。明哲保身不是劝你不要管别人的麻烦事，劝你要事不关己高高挂起、自私自利。明哲保身这句话是非常积极的。明，就是明心见性、知道表象背后的因缘；哲，是智慧。因为看到了来龙去脉，看清楚了因缘，所以有智慧地去解决、应变、应对。这样就能保全自己。处乱世，"明哲保身"是不愿意轻易牺牲，因为自己担负着更大的责任，不如把更重大长远的责任担负起来。所以"其默足以容"，就不说话了。

国有道的时候不洋洋自得，到处乱说，国无道时也不愤世嫉俗，因为足够高明，通达世道，说有说的必要和影响力，不说有不说的道理和依据。

我们在待人接物时，也应做到这一点。比如职场上，你看到领导的决策有错误，看不惯同事的做法，也应该"其言足以兴，其默足以容"。感觉领导能听得进去进言，就好好沟通，如果听不进去，就保持沉默，但自己不能怠工，也可以体面地离职，好聚好散。

"好人没好报"的秘密:"疚"久成疾

常听很多人困惑着:为什么好人没好报呢?

的确有很多心肠不错的好人,偏偏命运多舛,不太顺遂。

婶婶是个好人。在我心目中也是可敬的人,很多生活的道理都是她教给我的。

可是,她却在五十多岁的时候得了胰腺癌去世了。

婶婶贤淑善良,任劳任怨,因为叔叔在工作中出现工伤,导致一只胳膊被截肢,照看奶奶和抚养三个孩子的重任都压在婶婶身上。

叔叔残疾后脾气变得很不好,婶婶从来不和他争论,都是隐忍。

含辛茹苦把孩子养大成人了,孩子刚刚参加工作,她就不幸离世。用亲人心疼的话说:一天福都没享。

婶婶是我的近亲当中走得最早的一个,我很伤心,仰天长叹:"为什么好人没好报?"而且,我又展望了其他生活圈的好人,还真是有种奇怪的现象,越是那些心里想的全是别人、具有自我牺牲精神的人,日子过得拮据,心情也不好,身体健康也不容乐观。这是为什么呢?

我百思不得其解。刚好那时候我在编写一本书叫《情绪决定健康》,我把这些案例总结起来,问单位的健康专家,专家告诉我:那些没好报的人，往往是癌症性格：压抑，郁郁寡欢，内心积郁太久，是很容易被癌细胞侵袭的。

那是从中西医的角度，现在我在《中庸》中找到了更究极的答案。

《诗》云："潜虽伏矣，亦孔之昭！"故君子内省不疚，无恶于志。君子之所不可及者，其唯人之所不见乎？

这段话是形容君子的品德状态的。可以翻译为：（君子的品德）潜在下面但是动的，就像孔洞里的阳光一样，也是明的。所以君子虽然自省但不会自卑形成病态，也就无愧于心了。君子之所以德行高于一般人，大概就是在这些别人看不见的地方吧？

这里有三个关键字要重点讲一下：潜、伏、疚。"潜"是隐藏于下面。但它并不是静止一动不动的，而是"伏"的，也就是有动静有显现的。"疚"是长期积累的负面情绪而致病。

放在本文主题下，对我触动较大的是"君子内省不疚"，很显然，我们常说的那些没好报的好人并不是君子，他们不够通达，长期隐忍无视自己的情绪和健康，任由坏情绪泛滥成灾，没有自省自救积极疏导，从而深深地"疚"了。

前不久，我也跟一个共事者发了脾气。因为她说话的语气特别盛气凌人。我提醒她："请您不要用这种语气和我说话。"

她漫不经心地说："我一直这样和你说话呀，你有什么意见吗？为什么不早说？"

我虽然很不舒服，但一时还真无话可说。

发脾气总是不好的，拿别人的错误伤害自己是最愚蠢的事，于是我迅速反思：我为什么会有那么大的情绪波动呢？

通过安静地和自己对话，我发现，其实我不喜欢她说话的口气由来已久了，但我总是劝说自己忍了。每忍一次，就"疢"一次。这样的忍，非常不科学。假如足够有智慧的话，我应该及时调整和她沟通的方式，实在不舒服应该提醒她哪里不妥。因为碍于面子，憋着不说，堆积成山，"疢"成心病。

在忍耐的日子里，我看起来脾气很好，但最终是没好报啊，自己气得够呛，合作关系也险些中断。

所以，我之前的忍看起来像个大度的人，是个为别人着想的好人，貌似顾全大局，其实完全不是。而是"愚而好自用"（《中庸》）。顺便解释一下"愚而好自用"的意思。"愚"从心，从禺，禺亦声。"心"指心智、性格。"禺"本质一种赤目长尾猿猴，"愚"以猴外形似人而智力远逊于人表示心智低下，"用"在甲骨文作桶形，是"桶"的初文。最初"用"字的基本形体是以三竖表示组合桶的木板，用横线表示把木板串连起来箍成桶。这句话就可以理解为愚昧的人明明不通达，还自以为是。这样做的结果是什么呢？其结果必然是"如此者，灾及其身者也"。这样的人，灾祸就离他不远了。

君子的脾气一定是好的，态度是温和的，那为什么君子不"疢"呢？因为君子的温和不是硬忍，不是强憋，而是因为修行到了，自然而然就平和了，像天地一样能容。君子的胸怀宛如大海，我们扔进去一个石子，不会引起轩然大波，更不会造成伤害。而我们普通人心量狭小，只有一个碗口那么大，随便扔进去点什么，都拥挤不堪。

当然心量小就有心量小的应对之道，这时候我们不应该憋、忍，应该给自己疏导，同时积极修炼君子人格。那些悲剧的、没好报的好人，就是因为没有意识到这一层，影响了大好前程。

所以，如果你真的忍不了，应该真诚地告诉对方，而不要做假好人，或者当你忍得委屈的时候，该及时地给自己一个爱的抱抱，让自己哭出来，而不是像歌里唱的、诗里写的那样：仰望天空眼泪就不会掉下来。那真的不是一种很好的解决问题的方法。

仁者眼里没有"鄙视链"

开放的媒体环境给很多人提供了展示自己才华的舞台，其中有一些学识渊博，有一定影响力，演讲能力极强，特别有感染力的人，比如某网红历史研究者，开通直播号讲历史，讲文旅，讲佛教。他的确算是行家，知识储备足够，也见过世面，但听他的课极不舒服，因为他看不惯的人和事太多，而且看不惯就出言不逊。比如在聊国产电影时，他把中国所有的编剧、导演都否了一个遍，说话夹枪带棒的，听他的课总感觉像听泼妇骂街。

像这样的文化人，学富五车，知识面广，去过很多地方，了解更多风土人情，符合仁义吗？他自诩是个有良知的知识分子，是个仁者。

但按照儒家的标准，他却完全不算仁者，因为仁者眼里没有鄙视链，不会看不起不仁者。

子曰："苟志于仁矣，无恶也。"（《论语·里仁》）

这句话的意思是：如果真的以仁为志向，就不会有憎恨的人和事了。

为什么会这样呢？因为真正仁爱的人，看到能力或者品格不如自己的人，内心首先生出的是悲悯之情，而不是愤怒、愤恨、诅咒。继而生出帮扶之心，帮别人觉知、改正，如果暂时无力做到，可以保持沉默，但内心不失善意。

作为一个有知名度的知识分子，他其实有很多表达观点的方式，他完全可以把自己所知所积累的知识平和优美地传播出去，而不需要因为看不惯别人而骂这个傻，那个笨，那个道德败坏。没有这种风度和修养，涉猎的知识再多，也和仁者不沾边儿。

偏偏这种自我感觉特别好，占据道德高地的假仁者非常多。

有这样一个人，他总觉得自己是仁者，站在道德高地批评这个、抨击那个。有人离婚了，他批评人家对婚姻不负责；有人没有孩子，他说人家不孝，不走正道。甚至看到哪个女同志在微信上发点出来吃饭喝茶的朋友圈，他就义正词严地教训人家赶紧回家相夫教子……凡是他看不顺眼的，都迅速地给人家贴上"为天地所不容"的标签。可是他哪里知道，各人有各人的难处。都说成年人的崩溃总是无声无息的，那些离婚的朋友也许真的心力交瘁，实在无力应对婚姻里的碎石，再硬撑下去自己会对人生绝望；而那些没有孩子的家庭，也许是生理和心理有障碍；那些偶尔出来吃饭喝茶的女士，只是肩上的担子太重出来休息片刻。

一定有人质疑：那对于那些杀人犯呢？对于社会上的坏人坏事，也不做抨击吗？也要保持"无恶也"吗？不是应该嫉恶如仇吗？

是的，社会上确实有罪大恶极的坏人，对于这样的恶，仁者不制造罅隙，但不等于没有态度，也不等于不作为，而是要保持仁爱的底色，采取适宜的措施，发表适当的言论。现在我们惯常看到的局面是什么呢？每当有那种轰动性事件，舆论的江湖上都会刀光剑影，分为尖锐对立的两派，互相攻击。须知，辱骂和抨击并不能解决问题。

当我们面对坏人坏事时，还有一点要提醒大家注意，那就是恶有恶的土壤。

没有天生的杀人犯。那些所谓罪该万死的人，他们内心里的恶，也和疾病的形成一样，是一个积累的过程，起先似乎有一个内核，然后像滚雪球一样越滚越大。而且，越是那些不可思议的、坏透了的家伙，背后越有不为人知的辛酸和仇怨，他们的行为超出了我们的接受范围，他们的遭遇也超出了我们的认知范围。

比如，我见过一个特别爱搬弄是非的女人，说话特别尖刻，她见不得别人好，即使是与她无关的人，只要她看不顺眼，就用特别歹毒的语言议论人家。连看电视看到她不喜欢的剧情，都恨不得把电视砸了。我一开始觉得特别不可思议，后来才了解到，原来她有特别悲惨不幸的童年，她就是那样被别人嘲笑和欺负的。当我了解了她小时候的遭遇后，我就理解了她现在的行为。

对于这些不可思议的"坏人"，应该保持什么样的态度呢？

首先，就是保持克制，不要咒骂。行为导致后果，社会的文明程度这么高，一定会有相应的组织和法律让他们为自身的行为付出相应的代价的，不必由你来承担这个功能。

其次，要同情他们的遭遇，在接受惩罚时，他们一定是痛苦的，希望他们能尽早醒悟，认识到自己的错误，改过自新。

最后，不要觉得他们和我们没有关系，他们也是社会的一部分，是我们整个人文环境机体的一个细胞。我们该心怀遗憾，遗憾自己能力不够，无法影响他们，无法以善巧的方式帮助他们。

虽然我们可能终其一生也做不到仁者的境界，但明白这句话后，就能避免看不惯这个、看不惯那个，心态能平和一点儿，从而整个社会环境就能文明许多。

"其争也君子",一肩风雨两担诗

年轻漂亮的小表妹让我给她推荐一款去法令纹的神器!

28岁的年纪,银行白领,怎么这么早就生了法令纹?

表妹说:"竞争压力太大,整天各种考核,不仅法令纹,各种纹都有了,我都不敢笑了,怕加深。天天累个半死,不仅不美,老妈还抱怨我无礼呢,说我天天衣来伸手饭来张口,我也没个笑脸给她。天天累成狗,哪有笑脸啊?"

关于法令纹这个问题,我觉得如果是真的,那基本上是不可逆的,如果是假的,保养一下就好。但是,我倒是真想出两句《论语》金句,能同时兼治她的竞争、美、礼的问题。

子曰:"君子无所争。必也射乎!揖让而升,下而饮。其争也君子。"

子夏问曰:"'巧笑倩兮,美目盼兮,素以为绚兮。'何谓也?"子曰:"绘事后素。"曰:"礼后乎?"子曰:"起予者商也!始可与言《诗》已矣。"(《论语·八佾》)

表妹也是个国学小达人,参加过地方以及银行系统内的国学知

识大赛,也是拿过奖的。看了我推荐的"文化补品",她说没看出什么关系。我让她说一下她的理解,然后她就特别娴熟地说了:

孔子说,君子没什么可争的,如果一定要说有什么要争的话,那就是射箭了。上场时礼貌地作揖,结束后一起喝酒庆祝。因为顾及了礼貌,这样的争也是君子所为。

子夏问孔子:"《诗经》上那句'巧笑倩兮,美目盼兮,素以为绚兮'是什么意思呢?"孔子回答说:"绘画的时候先以素色为底,再进行涂色。"子夏于是说:"意思是先有忠义、仁爱,再有礼?"孔子说:"能阐发我的意思的就是子夏(商是子夏的名)你了,现在可以与你交流《诗经》了。"

最后表妹还特别总结陈词,说这两段话讲的是礼节与心意的关系,礼要发自内心。

然后撅起小嘴得意洋洋地求表扬,可是我却给了她一个问号:我们又不射箭,又不绘画,照这样解释,和我们有什么关系呢?两段之间有什么关联呢?

表妹说以前只是把《论语》当作知识来学,应对考试,扩充自己的知识面,没想过应用于生活。但她很想知道如何用,于是我就说了说我的想法。

第一段主要形容君子的心态,君子有时候也会参加射箭这样的事情,他们和大家一样遵照射箭的礼仪和仪式,但他们心态上是不在乎成败的,无意于和谁争个高低,所以,"其争也君子"。

第二段,是通过《诗经》中的佳句来说礼。如何理解"绘事后素"?"素"的本义指未经加工的、本色的丝线,譬如事物之本、之质。所以"绘事后素"是线描的勾勒。

子夏据此理解"礼后乎"是说以仁义礼智信为线,把礼勾勒出来吗?孔子才感叹:子夏你这么说非常好,我可以与你聊发自内心的东西了,"礼"只是把你至诚的状态表达传递出来。

为什么说这两段话能很好地解决现代人的竞争压力,能让我们变美守礼呢?

其争也君子,便能争而无压

无论我们乐不乐意,都不可避免地置身于竞争之中,争高低、争先后、争宠,都是争。只要争,就有压力,就会患得患失。

你看大小的赛事,解说员都说比的是稳定性,是自己和自己比。心理学上也说,最大的敌人是自己。相对应的就是那种怕失败而争高低的非君子之争。

甚至有时候我们意识不到就争了。比如有这样一个小学生,他天赋很好,一学就会,今天学的内容,明天就考,肯定能得100分。可是大部分孩子都没她这么聪明,所以学校照顾着平凡的大多数,会把知识点不停地重复,孩子觉得老师这样做完全没必要,就有了厌倦。更让孩子气不过的是,经过这样的重复,考试时,大部分孩子都能考 98 分。孩子于是就变得厌学，上课不积极，从来不举手，甚至对教育制度表示怀疑。

其实这就是其争不君子：必须保持自己的优越感，比别的同学强，生了骄慢，一旦优势地位不保，就心态崩溃，用沉默消极的方式来发泄内心的不满，甚至迁怒于教育制度。既然一学就会，天资聪明，那别人重复的时间他可以学更多，或者更深入地学习，或者帮助别的同学，大家一起进步，这样不是更好吗？这样才是"其争也君子"。

以这样的姿态做事，感受不到竞争的压力，只会感受到一起成长的愉悦。

发自内心的笑，就是最高级的美

人人都爱美，美女的极致最健康状态就是这样的了：巧笑倩兮，美目盼兮，素以为绚兮。但这种美不是凭空产生的，而是有"素"打底、支撑的。这种素，就是心境的平和安稳。只是这种心态现在的女性越来越无法企及了，大家心里都有埋怨和不满，顶着重重压力。

放下这些，自然就美了。因此，我建议表妹，越有法令纹越要笑，而且要发自内心地笑。当你发自内心地笑的时候，你的细胞状态、肌肉和皮肤状态都是上扬的，有一种支撑的内力，那种由内及外的力不仅不会加深法令纹,还会从根本上改善假性法令纹。也可以说,笑后于乐。当然,你的笑必须源于那种发自内心的愉悦、幸福感、坦然、平和。不要回到家看见老公玩手机,看见孩子不写作业就生气,或者一想到工作就生气。

只有这样,你才可以"巧笑倩兮,美目盼兮,素以为绚兮"。

礼必以忠信为质

我们去某地,见某人,看着挺恭敬的,该打招呼打招呼,该客气客气,该握手握手,该行礼行礼,但自己别扭,对方也不享受。都不舒服。就是因为忘了"礼后乎"。

到底礼在什么后面,没有注明。但根据"绘事后素",我们可以得出礼在仁德之后,也就是说礼必须是建立在仁德的基础上,才能发挥其应有的作用。朱熹注释"礼必以忠信为质、犹绘事必以粉素为先",意思相近。既然如此,家人之间的"礼"也很简单,哪怕只是吃饭时放下手机,陪家人一起用心进餐,也是"礼"了。

所以这两段话对我们的启发之大远远超乎想象。在激烈的竞争中,如何争?爱美之心人皆有之,如何真的美?以礼为先,如何礼?只要做好这三方面,在任何场合,你都是一个俊朗的雅士,一肩风雨两担诗。

人世间，中庸是"天花板"

L先生高中毕业，现在是传媒公司老板。他的老婆名校中文系博士毕业后留校任教，之所以嫁给他，就是看中他虽然学历不高，但人品不错，头脑灵活，又勤奋。虽然老婆经常戏谑他是草根，但L先生从未放在心上，照样乐呵呵。

去年公司业绩不好，L先生辛劳二十多年，想换一种活法。在家闲了几个月后，突发奇想想体验一下打工的生活。当他把自己这个想法告诉老婆时，老婆哈哈大笑，随口说了一句："你这个学历，不好找工作吧。"没想到，从未对老婆发过脾气的L先生一下子怒了，出言不逊："你学历这么高还不是给我做饭？"俩人险些因此离婚。

老婆无法理解，爱人就是学历低啊，她以前也说过，那为什么同样的人，同样的话，以前可以说，现在就成了"炸弹"了呢？

在《中庸》中，我们可以找到答案。

仲尼曰："君子中庸，小人反中庸，君子之中庸也，君子而时中；小人之中庸也，小人而无忌惮也。"

子曰:"中庸其至矣乎!民鲜能久矣!"

L先生的妻子虽然文学功底深厚,但在生活中却并不懂得"君子而时中"的道理。

为什么这么说?"君子而时中"是什么意思?

理解这一切的基础,在于还原"庸"和"中庸"的本义。

在所有的汉字中,"庸"字算是很"倒霉"的一个了,因为它给人们的第一印象总是那么庸俗。你看,由它组成的词好像没有好的,比如平庸、庸俗、附庸、庸医、庸才等,全是一般、很不出彩的样子。还有"中庸",大多数人长久以来把它理解成站在中间,不左不右的距离概念,和过犹不及相对,为了保持中庸,做什么事情"中不溜秋"就行了,不必精益求精。

殊不知,中庸却是大智慧,只有君子做得到。

以上两段话,皆有"庸"字。根据清代段玉裁创作的《说文解字注》:"庸",从用,从庚,"庚、更"同音,表更换。那么"中庸"合起来理解,就是随时调整,保持中道,中是目的,庸是手段。

所以,中庸不是固定在中间的那一点一动不动,而是根据时间地点情境时刻调整,以致中和。而L先生的妻子就是没有注意先生的变化,用同样的方式来对待先生,用不变的态度对待变了的状态,于是出了问题。

再来举个茶席上的例子。

假如你用的方法是干泡,茶台是一尺长的金砖,280毫升紫砂壶，280毫升的玻璃公道。那茶台上紫砂壶和公道的位置摆放你可以选一个合适的位置，居于中间，二者相差五厘米，视觉上比较和谐，又好用。假如有一天你突然想换一把大一号的公道，那紫砂壶和公道的位置你就要重新调整了，不应恪守原来的距离和位置。

既然中庸如此重要，我想我们有必要对这两段话细致、全面地翻译一下。

孔子说："君子能做到中庸，小人做不到中庸。君子能做到中庸是因为君子时刻保持中道，时刻调整自己，不伤害，符合大道的立场；小人做不到中庸，因为小人肆无忌惮，不控制自己的内心。"

要注意这里的"时"字，君子能做到中庸，是因为它能时刻提醒自己居于中道，对于我们普通人，则时时都不在中道上。正因为如此，我们才要时刻提醒自己随时有出错、跑偏的可能，这样才能保持谨慎，时刻调整自己，从结果上看，才能更接近于中庸。就像在习茶时老师提醒我的一样，在行茶的过程中，我们随时都可能出问题，比如出汤慢了，分汤不均了，杯子没拿稳了，水温高了，只有时刻提醒自己，才能实现每一泡茶都好喝，泡出茶应有的滋味品质。

再来翻译下一句。

孔子说："中庸大概是最高的德行了吧！人们做不到它、缺乏它已经很久了！"

这里有三个地方需要特别提示大家。第一个是"至"，"至"是极致、顶点的意思，形容中庸的地位，可谓是世间德行的天花板。

"鲜能"是个数量概念,"久"是个时间概念,说明中庸的稀缺程度。

截至现在,能践行中庸之道的人更"鲜能久矣",人们都把中庸矮化了,认为它是不思进取的代名词,其实,"中庸"才是为人处世的大智慧呢。只有具备这种大智慧,才足以应对人生的种种难题。否则,就有可能随时陷入困境。

图书在版编目（CIP）数据

特别实用的国学心理课 / 闫惠, 闫燕秋 著 . —北京：东方出版社，2022.10
ISBN 978-7-5207-2885-0

Ⅰ. ①特… Ⅱ. ①闫… ②闫… Ⅲ. ①心理学—通俗读物 Ⅳ. ① B84-49

中国版本图书馆 CIP 数据核字（2022）第 130504 号

特别实用的国学心理课
（TEBIE SHIYONG DE GUOXUE XINLIKE）

作　　者：闫　惠　闫燕秋
责任编辑：陈丽娜
出　　版：东方出版社
发　　行：人民东方出版传媒有限公司
地　　址：北京市东城区朝阳门内大街 166 号
邮　　编：100010
印　　刷：北京明恒达印务有限公司
版　　次：2022 年 10 月第 1 版
印　　次：2022 年 10 月第 1 次印刷
开　　本：880 毫米 ×1230 毫米　1/32
印　　张：10.75
字　　数：198 千字
书　　号：ISBN 978-7-5207-2885-0
定　　价：49.80 元
发行电话：（010）85924663　85924644　85924641

版权所有，违者必究
如有印装质量问题，我社负责调换，请拨打电话：（010）85924602　85924603